W0262745

Dieter A. Hiller · Helmut Meuser

Urbane Böden

Springer

Berlin
Heidelberg
New York
Barcelona
Budapest
Hongkong
London
Mailand
Paris
Santa Clara
Singapur
Tokio

Dieter A. Hiller • Helmut Meuser

Urbane Böden

Mit 34 Abbildungen und 45 Tabellen

Springer

PD Dr. Dieter A. Hiller
Universität-GH Essen
Fachbereich 9, Abteilung Angewandte Bodenkunde
Universitätsstraße 15
D-45117 Essen

Prof. Dr. Helmut Meuser
Fachhochschule Osnabrück
Oldenburger Landstraße 24
D-49090 Osnabrück

Die Deutsche Bibliothek - CIP-Einheitsaufnahme

Hiller, Dieter Albert:
Urbane Böden / Dieter A. Hiller; Helmut Meuser – Berlin; Heidelberg; New York; Barcelona;
Budapest; Hong Kong; London; Mailand; Paris; Santa Clara; Singapur; Tokio: Springer, 1998
ISBN-13: 978-3-642-72065-9   e-ISBN-13: 978-3-642-72064-2
DOI: 10.1007/978-3-642-72064-2

Dieses Werk ist urheberrechtlich geschützt. Die dadurch begründeten Rechte, insbesondere die der
Übersetzung, des Nachdrucks, des Vortrags, der Entnahme von Abbildungen und Tabellen, der Funk-
sendung, der Mikroverfilmung oder der Vervielfältigung auf anderen Wegen und der Speicherung in
Datenverarbeitungsanlagen, bleiben, auch bei nur auszugsweiser Verwertung, vorbehalten. Eine Vervielfältigung dieses Werkes oder von Teilen dieses Werkes ist auch im Einzelfall nur in den Grenzen
der gesetzlichen Bestimmungen des Urheberrechtgesetzes der Bundesrepublik Deutschland vom 9. Sep-
tember 1965 in der jeweils geltenden Fassung zulässig. Sie ist grundsätzlich vergütungspflichtig. Zuwi-
derhandlungen unterliegen den Strafbestimmungen des Urheberrechtgesetzes.

Die Wiedergabe von Gebrauchsnamen, Handelsnamen, Warenbezeichnungen usw. in diesem Werk
berechtigt auch ohne besondere Kennzeichnung nicht zu der Annahme, daß solche Namen im Sinne der
Warenzeichen- und Markenschutz-Gesetzgebung als frei zu betrachten wären und daher von jedermann
benutzt werden dürften.

© Springer-Verlag Berlin Heidelberg 1998
Softcover reprint of the hardcover 1st edition 1998

Satz: Reproduktionsfertige Vorlage vom Autor
Umschlaggestaltung: de' blik, Berlin

SPIN: 10630920   VA 30/3136   - 5 4 3 2 1 0 - Gedruckt auf säurefreiem Papier

Geleitwort

Die natürliche Funktion von Böden (Lebensraum für Organismen und damit Wurzelraum für Pflanzen), ist in urbanen Räumen stark eingeschränkt. Böden dienen hier vor allem als „Unterlage" für Gebäude, Industrieanlagen, Straßen und Bahnkörper. Somit verbleiben oft nur kleine Flächen naturnaher Nutzung als Vor- und Hausgärten, Straßenbegleitgrün, Parks und Friedhöfe, Sport- und Spielplätze sowie Kleingärten und Gärtnereien. Andererseits bestimmen gerade diese Flächen weitgehend die Lebensqualität der Bevölkerung einer Stadt, weil nur deren Böden die Entwicklung eines anregungs-, erholungs- und gesundheitsspendenden Grüns ermöglichen und diese Böden als Filter einer Grundwassererneuerung dienen, die vielfach erst eine ausreichende Versorgung der Stadt mit Gebrauchs- und bisweilen auch Trinkwasser gewährleistet.

Inwieweit vermögen nun urbane Böden die genannten Funktionen zum Wohle der Stadtbevölkerung wahrzunehmen? Dieser Frage gehen die Autoren dieses Buches nach, beide langjährig tätig als Fachleute in der Stadtökologie. Sie lehren uns, daß viele urbane Böden nicht aus natürlichen Gesteinen entstanden sind, sondern aus vom Menschen geschaffenen technogenen Substraten wie Haus- und Flugaschen, Schlacken, Schlämmen, Müll und Bauschutt, die überdies miteinander und mit natürlich entstandenen Substraten vermengt sein können. Die ökologischen Eigenschaften derartiger Standorte werden ebenso an Beispielen des Ruhrgebietes dargestellt wie deren substratspezifischen Belastungen mit Schwermetallen.

Die Lektüre „**Urbane Böden**" ist Studierenden der Ingenieur- und Naturwissenschaften zu empfehlen; das Buch wendet sich an Pedologen und Hydrologen, Grünflächenämter, Stadtplaner und Bodensanierer und vermag auch Lehrern wertvolle Anregungen zu geben.

Kiel, im Dezember 1997   Prof. Dr. Dr. h.c. H.-P. Blume
Präsident
der Deutschen Bodenkundlichen Gesellschaft

Vorwort der Autoren

Während die Erfassung der Entstehung, Entwicklung und Eigenschaften der natürlichen Böden auf eine lange Tradition zurückblicken kann, wird die wissenschaftliche Bearbeitung dieser Fragestellungen für Böden in urban-industriellen Verdichtungsräumen erst seit wenigen Jahrzehnten betrieben. In Deutschland wurden die ersten systematischen Untersuchungen in den 70er Jahren von Blume und Runge in Berlin durchgeführt; im Ruhrgebiet begann Burghardt die Arbeiten in den 80er Jahren an der Universität-GH Essen. Alle Arbeiten belegten bei den Stadtböden eine Vielfalt neuartiger, bis dahin unbekannter Bodenformen und Eigenschaften. Damit war auch die Grundlage für zwei Habilitationsarbeiten (die 1997 und 1998 ihren Abschluß fanden) gegeben, bei welchen die stark anthropogen überformten Böden im Ruhrgebiet Gegenstand der Forschung waren und von denen in diesem Buch ein Teilauszug wichtiger Ergebnisse einer größeren Öffentlichkeit verständlich aufbereitet zugänglich gemacht wird.

Die im Ruhrgebiet in den 80er und 90er Jahren von Burghardt und Mitarbeitern an der Universität-GH Essen einerseits und im Rahmen der Gefährdungsabschätzung von den Ruhrgebietsstädten andererseits durchgeführten sehr umfangreichen Stadtbodenkartierungen und -untersuchungen ließen die Annahme zu, daß die hohe Diversität der Böden und der sie aufbauenden bodenbildenden Substrate im urban-industriell geprägten Raum häufig eine Ursache der früheren und gegenwärtigen Flächennutzung ist. Eine konsequente Hinterfragung bestätigte dies letztlich auch, weshalb nachfolgend Eigenschaften und Merkmale ruhrgebietstypischer Stadtböden nach Nutzungsarten und übergreifenden Substratmerkmalen dargestellt werden. Darüber hinaus finden sich in diesem Buch Erklärungen über Ursachen für die in frühen Arbeiten aufgezeigten Anomalien bei der Schwermetalldynamik und deren Zusammenhänge mit dem Eisenoxidstatus bzw. der Substratzusammensetzung in den urbanen Böden.

Es kann festgehalten werden, daß die Kenntnisse über die Eigenschaften und Merkmale von Stadtböden und deren bodenbildende Substrate sich in den letzten Jahren erheblich erweitert haben. Wir hoffen aber, daß das vorliegende Buch seine Leser auch anregt, das immer noch junge Thema „Stadtböden" weiterzuverfolgen und die Vielzahl der noch bestehenden Wissenslücken durch gezielte Fragestellungen aufzudecken und/oder durch systematische Labor- und Geländearbeit zu vermindern.

Abschließend bedanken sich die Autoren bei Prof. Blume (Universität Kiel), Prof. Burghardt (Universität-GH Essen), Dr. Leipe (IOW-Warnemünde), Dr. Schwermann (Stadt Essen), Prof. Strzyszcz (Polnische Akademie der Wissenschaften in Zabrze), Dr. Veerhoff (Universität Bonn) und Dipl.-Chem. Bahmani, die mit Rat und praktischer Hilfestellung zum Gelingen des Buches beigetragen haben.

Dieter A. Hiller und Helmut Meuser

April 1998

Inhaltsverzeichnis

1 Einführung

Ein Boden, im Sinne der Bodenkunde, ist Teil der belebten obersten Erdkruste. Er ist nach unten durch das feste oder lockere Gestein, nach oben durch eine Vegetationsdecke bzw. die Atmosphäre begrenzt, während er zur Seite gleitend in benachbarte Böden übergeht. Bereits 1972 verwies der Europarat in der Bodencharta auf die Bedeutung der Böden für den Naturhaushalt und erklärte den Boden zu einem der kostbarsten und damit schützenswertesten Güter der Menschheit. Der Boden ist

- Lebensgrundlage und Lebensraum für Menschen, Tiere und Pflanzen
- Teil der Ökosysteme mit ihren Stoffkreisläufen, besonders im Hinblick auf Wasser- sowie Nähr- und Schadstoffhaushalt
- prägendes Element der Natur und der Landschaft

Nach der Bodenschutzkonzeption (1985) dient der Boden dem Menschen als

- Anbaufläche für die Erzeugung von Nahrungs- und Futtermitteln sowie pflanzlichen Rohstoffen
- Fläche für Siedlung, Produktion, Verkehr, Kommunikation
- Lagerstätte für Abfälle und Filter für eingetragene Stoffe
- Grundwasserspeicher
- Lagerstätte für Bodenschätze und Energiequellen
- Erholungsraum
- Archiv der Natur- und Kulturgeschichte

Der Boden — als knappes und nicht vermehrbares Gut — steht als Produktionsfaktor neben Arbeit und Kapital seit jeher im Zentrum des wirtschaftlichen Interesses. Durch die Konsum- und Lebensgewohnheiten sowie die Produktionsprozesse heutiger und vergangener Gesellschaften sind die Böden in Siedlungsräumen in starkem Maße in ihrer Nutzungsvielfalt beeinträchtigt. Bodenbelastungen in Form von Schadstoffeinträgen, Versiegelung oder Landschaftsverbrauch schränken die Funktionen des Bodens als Naturkörper, dessen Filter- und Pufferfähigkeit immer weiter ein. Besonders schwerwiegend ist, daß sich viele Bodenbelastungen nicht mehr oder nur mit sehr großem Aufwand aufheben lassen. Weitgehend irreversibel ist nicht nur die Zerstörung durch Abtrag, sondern v.a. der Eintrag persistenter Schadstoffe, deren schädliche Anhäufungen im Boden häufig zunächst unbemerkt bleiben.

Durch die Freisetzung von Arbeitskräften in der Landwirtschaft, die Landflucht, das Bevölkerungswachstum, die Konzentrierung von Beschäftigungsmöglichkeiten, Infrastruktur und Politik in den Städten kommt es zu einem steten Anwachsen der Urbanisierung. Dies führt nicht nur zu einer Zersiedelung und

Versiegelung der Landschaft, sondern auch zu einer Veränderung von deren Bodeneigenschaften und Potentialen.

Als Folge des im 19. Jh. beginnenden industriellen Aufschwungs wurden vielerorts ursprünglich vorwiegend agrarisch geprägte Landschaft von einem einschneidenden Strukturwandel erfaßt. So entstanden z.B. im Ruhrgebiet auf der Grundlage neuer Technologien, welche Gewinnung und Veredlung der Steinkohle erlaubten, gleichzeitig eine eisen- und stahlerzeugende Industrie. Deren Standorte wurden von den lagerstättenkundlichen oder wirtschaftlichen Gegebenheiten bestimmt; die mechanische, physikalische und chemische Belastbarkeit der Böden wurde nicht berücksichtigt. Durch die wirtschaftlichen Rezessionen wie in der Bergbau-, der Eisen- und Stahlindustrie wurden viele Produktionsanlagen stillgelegt und liegen als „Industriebrachen" vor. Als Folge der Flächeninanspruchnahme sind die Böden der (ehemaligen) Industriestandorte und der Wohngebiete in industriellen Ballungszentren zu einem großen Teil versiegelt und durch anthropogene Auf- und Abträge oder Einmischung natürlicher und technogener (= durch technische Prozesse entstandene) Substrate in ihren Eigenschaften verändert und mit Schadstoffen belastet. Vorrangig wurden deshalb bisher von den Kommunen und Kreisen die Altstandorte und -ablagerungen auf ihre stoffliche Belastung untersucht, um eine künftige, risikogeminderte Bodennutzung zu gewährleisten. Zur Erfassung einer Bodenbelastung mit Schadstoffen ist deshalb in einer Vielzahl deutscher Städte und Kreisen ein entsprechendes Kataster eingeführt worden, darüber hinaus wird aus zahlreichen anderen Städten über problemorientierte Schadstoffuntersuchungen berichtet. Flächendeckende Übersichten auch über die nicht oder nur geringfügig belasteten Böden und deren Nutzungs- und Entwicklungspotentiale sind allenfalls punktuell vorhanden.

Von diesen Bemühungen abgesehen muß festgehalten werden, daß die urbanen Böden bisher nur zu einem geringen Anteil Gegenstand wissenschaftlicher Untersuchungen gewesen sind. Zumeist wurden Standorte mit Böden aus anthropogenen Aufschüttungen ausgegrenzt und vorwiegend Bodenprofile untersucht, deren Profilaufbau — von einer geringen Überprägung des humosen Oberbodens (A-Horizont) ausgenommen — weitgehend der natürlichen Pedogenese entsprechen. Die Problematik bei der Einschätzung von anthropogen geformten Stadtböden, der systematischen Klassierung technogener Substrate und der Ableitung der Eigenschaften von Böden aus Substrataufträgen ist u.a. auch dafür verantwortlich, daß in Bodenkarten — in welchen vorwiegend die Verbreitung und die Einschätzung der stofflichen bzw. ökologischen Eigenschaften von natürlichen Böden dargestellt sind — in urban-industriellen Verdichtungsräumen eine Vielzahl „weißer Areale" eingezeichnet sind. Deren ursprünglich natürliche Böden sind nun derart massiv anthropogen überprägt, daß über deren derzeitige Eigenschaften keine ausreichenden Kenntnisse vorliegen (Abb. 1.1).
Während die Erfassung der Entstehung, Entwicklung und Eigenschaften der natürlichen Böden auf eine lange Tradition zurückblicken kann, wird die wissenschaftliche Bearbeitung dieser Fragestellungen für Böden in urban-industriellen Verdichtungsräumen erst seit wenigen Jahrzehnten betrieben. In Deutschland

begannen die ersten systematischeren Arbeiten Anfangs der 70er Jahre in Berlin. Durch den „Arbeitskreis Stadtböden", der sich 1987 in der Deutschen Bodenkundlichen Gesellschaft etablierte, erfuhr die bis dahin durchgeführte Forschungsarbeit eine Bündelung und mündete jüngst in der Fortschreibung der Empfehlungen für die bodenkundliche Kartieranleitung urban, gewerblich und industriell veränderter Flächen (Stadtböden) (AKS 1997).

Auf der Grundlage von Arbeiten aus dem Ruhrgebiet wird hiermit exemplarisch die Problematik der bodenkundlichen Erfassung, Kartierung und Bewertung eines alten und historisch stark durch Bergbau und Schwerindustrie geprägten Raumes aufgearbeitet. Dabei wurde bewußt die meist einseitige Betrachtungsweise dieser Böden auf deren Schadstofffracht sowie Belastungspotential verlassen. Es wurde eine mehr integrierende Betrachtungsweise gewählt, bei der zur Stand-

Abb. 1.1: Beispiel der Verbreitung von Arealen mit vorwiegend tiefgreifender, anthropogener Veränderung im Ruhrgebiet (hier rechts vom Rhein; Flächen ohne Graustufenhinterlegung) (Ausschnitt aus der Bodenkarte von Nordrhein-Westfalen 1:50.000, Blatt L 4506 Duisburg, Paas 1978; vervielfältigt mit Genehmigung des Geologischen Landesamt NRW vom 18. November 1997)

ortbeurteilung neben den Puffer- und Senkenfunktionen, der Funktion als potentieller Pflanzenstandort weitere profilmorphologische, pedogene bzw. substratogene Eigenschaften mit einfließen.

2 Naturräumliche und geologische Situation

In den nachfolgenden Abschnitten werden — zum besseren Verständnis der anthropogenen Eingriffe, welche zur Überformung der Morphologie einer ganzen Region geführt haben — zunächst wesentliche Rahmenbedingungen, die einen prägenden Charakter auf das Ruhrgebiet hatten bzw. noch haben, dargestellt.

Das Ruhrgebiet stellt den größten europäischen Wirtschaftsraum dar. Er hat sich zwischen den Flüssen Ruhr, Emscher und Lippe etabliert. Jedoch besteht das Ruhrgebiet nicht aus einer landschaftlichen oder historisch entwickelten, politischen Einheit, sondern es ist als das Verbandsgebiet des „Kommunalverbandes Ruhrgebiet (KVR)" anzusehen, dessen Ursprünge auf den 1920 gegründeten Siedlungsverband Ruhrkohlenbezirk zurückgehen. Geographisch gesehen liegt das Ruhrgebiet im Schnittpunkt verschiedener naturräumlicher Zonen: Rheinisches Schiefergebirge, Westfälische Tiefebene, Niederrheinebene. Im Süden reicht das Gebiet bis ins Bergische und Märkische Land mit den letzten Ausläufern des Steinkohlengürtels südlich der Ruhr. Nördlich der Ruhr befindet sich das unter Löß verhüllte Deckgebirge, das sich zum größten Teil aus Kreidesedimenten aufbaut. Jenseits des Lippetals geht das Ruhrgebiet in die Münsterländische Bucht über. Geologisch gehört das Ruhrgebiet zum oberkarbonischen Steinkohlengürtel, der in Nordwesteuropa über das Ruhrgebiet, Belgien, Nordfrankreich bis nach England reicht. In Abb. 2.1 ist eine vereinfachte Übersicht der geologischen Verhältnisse im Ruhrgebiet dargestellt. Der Umstand, daß beiderseits des Ruhrtals kohleflözführende Schichten des Oberkarbons bis an die Erdoberfläche treten, erlaubte es, daß schon im Mittelalter mit einfachstem technischen Gerät in Pingen — darunter ist der einfache Tagebau in Löchern und Gräben bis zur Tiefe des Grundwassers zu verstehen — Kohle abgebaut wurde. Kohlegewinnung im großtechnischen Maßstab wurde jedoch erst möglich, nachdem mit Hilfe der Dampfmaschine das Grundwasser abgepumpt, somit tiefere Erdschichten erschlossen und ausgebeutet werden konnten.

Die allgemeinen hydrologischen Verhältnisse im Ruhrgebiet sind dadurch gekennzeichnet, daß unterschiedlich ergiebige Grundwasserleiter auftreten, welche Quellen und Fließgewässerläufe speisen. Für die überregionale Wasserversorgung sind nur die sandigen Schichten der Oberkreide im Norden und die kiesig-sandigen Ablagerungen des Rheins und der Ruhr aus dem Quartär von Bedeutung. Für die Wasserverhältnisse der Böden und der Oberflächengewässer spielen die Schichten des Quartärs eine wichtige Rolle, da diese in den meisten Fällen die oberste geologische Formation darstellen. Die Ablagerungen des Pleistozäns und des Holozäns sind aufgrund ihrer Gesteinsausbildung in ihrer Wasserführung sehr unterschiedlich. Insbesondere die Terrassenkiesablagerungen der Ruhr und die des Rheins gewährleisten für einen Großteil des Ruhrgebiets die Wasserversorgung. Wasserstauende Schichten des Tertiärs und der Kreide dichten das erste Grundwasserstockwerk der Rhein- und Ruhrterrassen nach unten ab. Das zweite Grundwasserstockwerk wird durch sandige Schichten innerhalb des Tertiärs und der Kreide gebildet. Durch die Schrägstellung und durch Störungen der geologischen Schichten liegt dort kein homogenes zweites Grundwasserstockwerk vor.

Aufgrund der menschlichen Eingriffe wurden die hydrographischen Verhältnisse im Ruhrgebiet massiv gestört, was sich u.a. in der Trockenlegung von Bachläufen oder dem Versiegen von Quellen äußert. Durch zunehmende Versiegelung der Stadtflächen verringerte sich im Laufe der Jahre die Grundwasserneubildungsrate. Auch Begradigung, Verrohrung von Fließgewässern oder das Abpumpen von Grundwasser haben zu einer Grundwasserspiegelsenkung geführt. Als Zeugen ehemals höher unter Geländeoberkante anstehender Grundwasserstände haben sich in ungestört erhalten gebliebenen Böden reliktische Ausprägungen ehemals vorhandener Go-Horizonte erhalten.

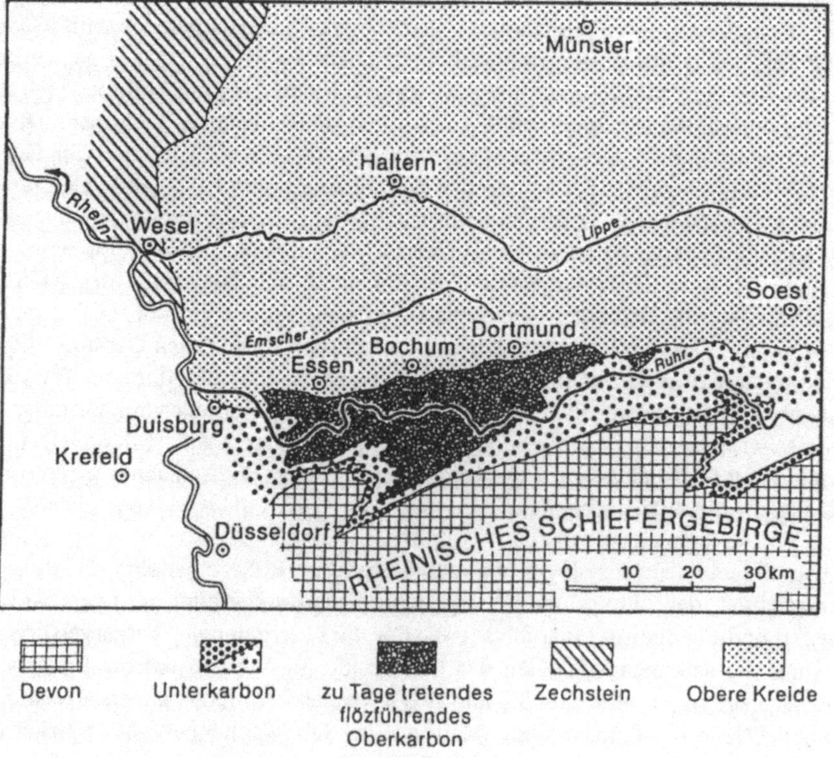

Abb. 2.1: Schematische geologische Übersichtskarte des Ruhr-Emscher-Lippe-Raumes. (Aus Meyer u. Wiggering 1991)

Am gravierendsten haben aber die bergbaulichen Eingriffe auf die Grundwasserstände und -fließrichtungen eingewirkt. Zur Gewährleistung des untertägigen Bergbaues ist die Abfuhr von Grubenwasser eine unerläßliche Maßnahme, um zu verhindern, daß durch Wassereinbrüche ganze Bergwerke überflutet werden. Zum Schutz des laufenden Kohleabbaus ist dabei auch erforderlich, daß in bereits stillgelegten Bergwerken weiter die Grubenwässer gehoben und über die Flüsse im Revier, v.a. Emscher und Lippe über den Rhein, zum Meer abgeleitet werden. Insgesamt fallen im Ruhr-Revier jährlich ca. 120 Mio. m^3 Grubenwasser an, wovon ca. 40 Mio. m^3 aus den in Betrieb befindlichen Bergwerken stammen. Um Wasserübertritte in den nördlichen Kohleabbaubereich zu verhindern, werden die Wässer im Bereich der Ruhr, wo Niederschläge direkt in das durch Bergbau aufgelockerte Steinkohlengebirge infiltrieren, vorwiegend aus dem Bereich des Stillstandbereichs des Steinkohlenabbaus gehoben (max. Tiefe ca. 500 m; Abb. 2.2, Zone A). Im mittleren Reviergebiet (max. Tiefe ca. 1.100 m; Zone B) fließt den Gruben Grundwasser aus dem tieferen Cenoman-/Turon-Grundwasserleiter, sowie z.T. durch die Kreideüberdeckungen perkoliertes Niederschlagswasser zu. Die tiefste Wasserhebung erfolgt aus Zone C (max. Tiefe ca. 1.500 m), wo die Wässer hauptsächlich aus dem Steinkohlengebirge selbst stammen und hoch salinären Charakter (z.T. ca. 60% entsprechender Kochsalzsättigung) haben. Diese hoch salinären Tiefenwässer sind nach Edelgasdatierungen rund 20 Mio. Jahre alt (Wedewardt 1995). Darüber hinaus weisen die Sümpfungswässer einen hohen Radionuklidgehalt auf (Wiegand u. Feige 1996).

Den Bergehalden stehen als Gegenstück großflächige Bergsenkungen im Ruhrgebiet als Folge der Steinkohlenförderung gegenüber. In dem Zeitraum von 1800-1990 wurden etwa 9,5 Mrd. t Steinkohle abgebaut, was sich einschließlich des ebenfalls geförderten Bergematerials sich zu einem untertägigen Volumendefizit von mehr als 7 km^3 führte. Solche massiven Aushöhlungen des Untergrundes führen durch das Nachsinken der darüberliegenden Gesteinschichten zu Bodensenkungen, Rissen, horizontalen Pressungen und Zerrungen. Selbst wenn die ausgehöhlten Flöze wieder mit Bergematerial verfüllt werden, kommt es aufgrund der vergleichsweise geringen Verdichtung des Verfüllmaterials (bergmännisch = Versatz) immer noch zu Senkungen die 40-50% der abgebauten Flözmächtigkeit ausmachen. Die Bergsenkungen, die nicht gleichmäßig sondern meist in sehr unterschiedlichem Ausmaß erfolgten, führten zu einer irreversiblen Störung der Entwässerungs- und Grundwasserverhältnisse. Um einer künftigen Versumpfung dieser Gebiete vorzubeugen, müssen im Emscher- und Lippegebiet heute fast 1.000 km^2 künstlich über Pumpen entwässert werden. Wie in Holland wird ebenfalls in Teilen des Ruhrgebiets eine Polderwirtschaft betrieben. Bäche und Flüsse werden eingedeicht, das teilweise um 20 m abgesunkene Umland über Pumpwerke entwässert, um zu verhindern, daß ganze Landschaften in Senkungsseen überflutet werden (s. auch Kurowski 1993). Die Störungen im Untergrund und das Abpumpen sind in starkem Maße auch dafür verantwortlich, daß nur wenige semiterrestrische Standorte in den urban-industriellen Verdichtungsbereichen — von den Auenbereichen der Flußtäler abgesehen — existieren.

8

Die massive Beanspruchung durch großindustrielle Anlagen des Bergbaus, insbesondere der Kokereien, der Eisenhüttenindustrie und anderer Industriebetriebe, wie auch die Verfüllung von häuslichen und gewerblichen, bzw. industriellen Reststoffen in Kies- und Tongruben haben die Grundwasserqualität bereits seit Beginn der Industrialisierung nachteilig beeinflußt. Dies belegen z.B. Beschlüsse aus dem Oktober 1869 von Vertretern der Gemeinde Oberhausen, der Oberhausener Großindustrie und der Köln-Mindener Eisenbahngesellschaft. Diese Parteien vereinbarten damals, Oberhausen und seine industriellen Werke mit einer Wasserleitung zu verbinden, weil das Wasser der Brunnen fast überall durch Eisensalze, Schwefel- und Salpetersäure sowie Chlorverbindungen selbst für den industriellen Gebrauch nicht mehr verwendbar war. Auch heute noch ist ein Schadstoffinventar von PAK, BTX, Phenolen und z.T. auch Ammonium für Flachbrunnen im Einflußbereich ehemaliger Zechen, Kokereien und Brikettfabriken weit verbreitet. Eine weitere Quelle für Verunreinigungen stellen defekte Kanalisationsrohre oberhalb der Grundwasseroberfläche dar. Aufgrund der Verunreinigungen des oberflächennahen Grundwassers wird dies auch nur in wenigen Fällen genutzt (Strehlau et al. 1993).

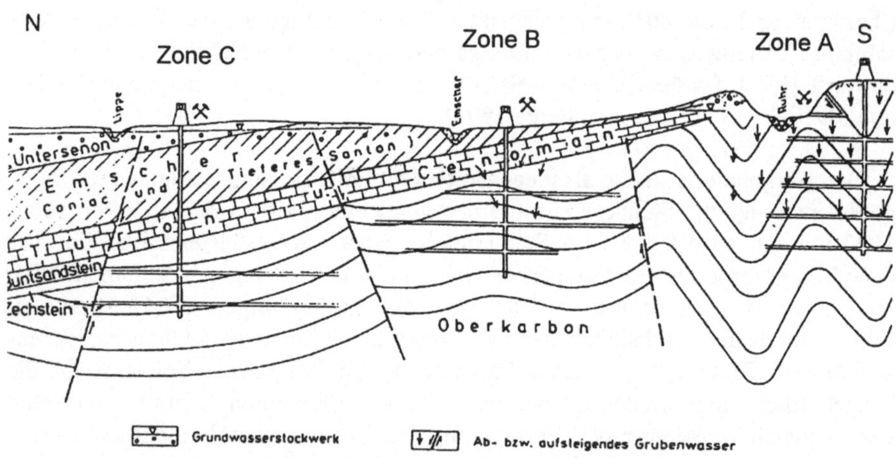

Abb. 2.2: Schematischer N-S-Schnitt durch das Ruhrgebiet (Aus Hahne u. Schmidt 1982)

Die flözführenden Karbonschichten tauchen nach Norden unter das Deckgebirge ab, welches vorwiegend aus Sedimenten der Oberen Kreide aufgebaut ist. Ausgangspunkt für die Ausdehnung des Tiefabbaues nach Norden war das erste erfolgreiche Durchteufen der Kreideschichten des Deckgebirges in Essen. Der Tiefbau — im Bereich der Lippezone werden derzeit Fördertiefen bis zu 1.500 m erreicht — und die gleichzeitig einsetzende Entwicklung des Eisenbahnwesens ließen den Steinkohlenbergbau nach Norden und um die Jahrhundertwende nach Westen in das Niederrheingebiet wandern.

2.1
Historische Entwicklung der urban-industriellen Beanspruchung des Bodens

Als Folge des um 1850 beginnenden Konjunkturaufschwunges wurde Deutschland von einem einschneidenden Strukturwandel erfaßt, wodurch sich regional das Bild einer vorwiegend agrarisch geprägten Landschaft, z.B. im Ruhrgebiet, zu einem Agglomerat aus Bergbau- und Schwerindustrie veränderte.

Mit dem stürmischen wirtschaftlichen Aufschwung ging ein gewaltiger Bedarf an Arbeitskräften einher. Die Einwohnerzahlen um die neuen expandierenden Industriezentren wuchsen durch Zuwanderung arbeitssuchender Menschen innerhalb weniger Jahre örtlich z.T. um viele tausend Prozent.

Ein Vergleich unterschiedlich alter historischer Karten und Stadtpläne verdeutlicht, daß Industrialisierung, Urbanisierung und Verkehrsausbauten Flächen beanspruchten, die vormals der Erzeugung landwirtschaftlicher Produkte — Getreide und Vieh — dienten. Durch die Standortgebundenheit des Bergbaus entstanden an den Stellen der Abteufungen Großzechen mit ausgedehnten Werkskolonien. Dabei beanspruchten Großschachtanlagen mit bis zu 6.000 Beschäftigten einschließlich ihrer Werkssiedlungen Flächen bis zu 200 ha und mehr. Der Standort wurde dabei nur von den geologischen Gegebenheiten und nicht nach dem landwirtschaftlichen Wert bestimmt. Im Rahmen der Weltwirtschaftskrise in den 20er- und 30er Jahren wurden im Ruhrgebiet viele Zechen stillgelegt. Auch die Umstellung von Abnehmern auf andere Energieträger (z.B. die Umstellung der Stadtgasversorgung von Kokereigas auf Erdgas) führte zu einem weiteren Zechensterben. Noch bis in die 80er Jahre hinein wurden Gebäude und Anlagen abgerissen, deren Materialien meist auf dem Gelände selbst, in kleinen Talungen oder auf Halden abgelagert. Die Flächen wurden danach häufig sich selbst überlassen.

Wie die Zechengelände selbst, wurden auch die Flächen in der näheren Umgebung dazu benutzt, um Rest- und Abfallstoffe darauf zu lagern, wodurch zum einen gewachsene Böden begraben wurden und zum andern sich auf den Ablagerungen neue Böden ausbildeten. Besonders anschaulich ist dies bei den Steinkohlenbergematerialhalden, wo beim Abbau der Steinkohle als nicht verwertbarer Rückstand das sog. Bergematerial anfällt, das in der Regel oberirdisch und lange Zeit meist auch auf den jeweiligen Zechengeländen aufgehaldet wurde. Ein Blick auf die Stadtpläne der Ruhrgebietsstädte zeigt, daß auf den alten Zechengeländen viele „kleine" Halden eingezeichnet sind, die häufig geringe Grundflächen zwischen 5-10 ha aufweisen. Typisch für das ausgehende 19. und beginnende 20. Jh. waren die sog. Spitzkegelhalden, die auf dem Zechengelände mittels Förderbändern aufgeschüttet wurden. Diese Halden wurden dabei gleichzeitig als

Ablagerungsstätten für alle anderen anfallenden Abfallstoffe benutzt. Dieser Haldentyp wurde aufgrund der geringen Flächenausnutzung, der stetigen Probleme durch starke Erosion der steilen Haldenflanken, Staubauswehungen sowie nicht zuletzt durch die Geruchs- und Schadstoffemissionen aus schwelenden/brennenden Halden, von Großaufhaldungen — sog. Tafelbergen — abgelöst (Abb. 2.3). Diese Aufhaldungen bedecken gelegentlich mehr als 100 ha bei einer Höhe bis zu 90 m (z.B. Halde Haniel in Bottrop). Aufgrund von Verordnungen und Bürgerprotesten werden heute sog. „Landschaftsbauwerke" aufgeschüttet. Dies sind dezentral angelegte, von mehreren Zechen genutzte, durch Landschaftsarchitekten in die Umgebung mehr oder weniger eingepaßte Großaufhaldungen. Zur Zeit werden etwa 36 Mio. t Bergematerial jährlich auf 22 Bergehalden im Ruhrgebiet aufgehaldet. Trotz der Großaufhaldungen wird mit einem zusätzlichen Flächenbedarf bis zum Jahr 2000 von etwa 10 km² gerechnet. Die Oberflächen der Halden unterliegen den Prozessen der Bodenbildung.

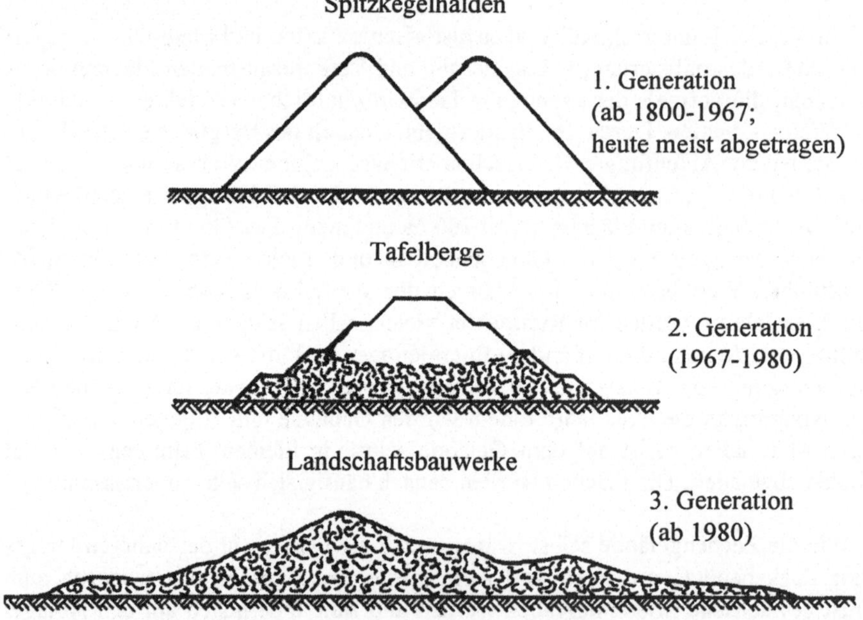

Abb. 2.3. Bergehaldenausformungen von 1800 bis heute. Bei Tafelbergen ist der obere Teil infolge von Rutschungen oft weniger begrünt als der untere

Weitere Halden, häufig inmitten der Städte, wurden mit Produktionsrückständen und Abfällen der Eisen- und Stahlindustrie (z.B. Formsande, Schlacken, Aschen) aufgeschüttet. Infolge mangelnder Oberflächenabdeckung wurden auch hier durch Abspülung und Ausblasung, z.T. schadstoffhaltiger Partikel die Böden der Umgebung in Mitleidenschaft gezogen. Eine Abdeckung und Befestigung der Haldenoberflächen wurde häufig erst in jüngster Zeit eingeleitet. Im Bereich der um die Zechen angelegten Kolonien entstanden in den Hinterhofbereichen sowie auf

Freiflächen der Umgebung (durch Gartennutzung) tiefgründig mit Humus angereicherte Böden. Diese Gartenböden sind z.T. heute nicht mehr bewirtschaftet und tragen häufig nur noch eine Grasnarbe und Buschwerk. Im Umfeld von Zechensiedlungen entstanden vielfach Böden aus abgelagerten Produktionsresten. Als Beispiel hierfür kann das Umfeld der Zechensiedlung Karnap, im Norden von Essen, herangezogen werden. Hier wurden sandige Flußablagerungen, auf denen sich überwiegend Gleye, Podsolgleye und Braunerden gebildet hatten, mit Flugaschen aus dem nahegelegenen Kraftwerk z.T. mehrere Meter mächtig überspült (vgl. Kap. 3.2.6). Nach Beendigung des Auftrags wurden diese Böden teilweise mit einer (gering)mächtigen Lage humosen Oberbodenmaterials überdeckt. Diese Böden aus Substrataufschüttungen wurden in der Folgezeit als Acker, Grünland und auch als Standort für Gartenanlagen genutzt. Gelegentlich wurden auch solche Deponiestandorte von den Stadtbewohnern durch „bodenverbessernde" Maßnahmen (Zuschlag von Sand, Kompost, Torf, Kalk) kultiviert und nach einem anfänglichen Futterpflanzenanbau der Kleintierhalter zu Kleingartenanlagen weiterentwickelt. Durch die nun mittlerweile teilweise mehr als 50jährige gärtnerische Bewirtschaftung haben sich auf den ehemaligen Deponien Gartenböden (Hortisole) entwickelt.

Besonders stark war der Rückgang der land- und forstwirtschaftlichen Flächen in den industriellen Kerngebieten des Ruhrgebiets (vgl. Tabellen 2.1 und 2.2). Im Umfeld der Industrien mußten für die zuwandernden Arbeiter Wohnungen geschaffen werden. Dies führte häufig zu baulich extrem verdichteten Stadtkernen. So ließ beispielsweise der Essener Stadtkern in den 1860er Jahren keine Neubautätigkeit mehr zu. Neue Wohnviertel mußten geschaffen werden, wobei allerdings häufig Produktions- und Wohngebiete miteinander verschmolzen (Abb. 2.4a,b). Mehrere Meter mächtige Bauschuttablagerungen mit und ohne Natursubstratabdeckung sind heute häufig in den Städten zu finden. Diese sind in vielen Fällen ein Resultat der aus den Zerstörungen des 2. Weltkrieges resultierenden Schuttmengen, die beseitigt werden mußten. Einen weiteren Bodenverbrauch zog die Erschließung des Verkehrswesens zum An- und Abtransport von Wirtschaftsgütern, Kohle, Erz, Eisen und anderem nach sich. Neben der Verbesserung und dem Ausbau des Straßenwesens resultierte dies in der Schiffbarmachung von Flüssen wie auch in der Anlage von Kanälen. Darüber hinaus erlebte die Eisenbahn ab 1847 zum An- und Abtransport von Massengütern eine stark prosperierende Entwicklung. Insbesondere der Bau überregionaler Verbindungswege, an welche die Industrie ein eigenständiges Netz von Werkbahnen für den Zubringer- und überörtlichen Werkverkehr errichtete, förderten den industriellen Aufschwung der Regionen. Mit Rückzug der Montanindustrie und dem Ausbau des Straßennetzes in den 60er und 70er Jahren verlor die Eisenbahn an Bedeutung, was dazu führte, daß bis heute zuvor durch die Bundes- und Werkbahnen genutzte Areale aufgegeben werden, z.T. brach liegen oder in andere Nutzungen überführt sind bzw. noch werden. So wird aufgrund der Strukturveränderungen in der Montanindustrie mehr als ein Drittel des rd. 2.000 km langen Schienennetzes im Ruhrgebiet nicht mehr genutzt.

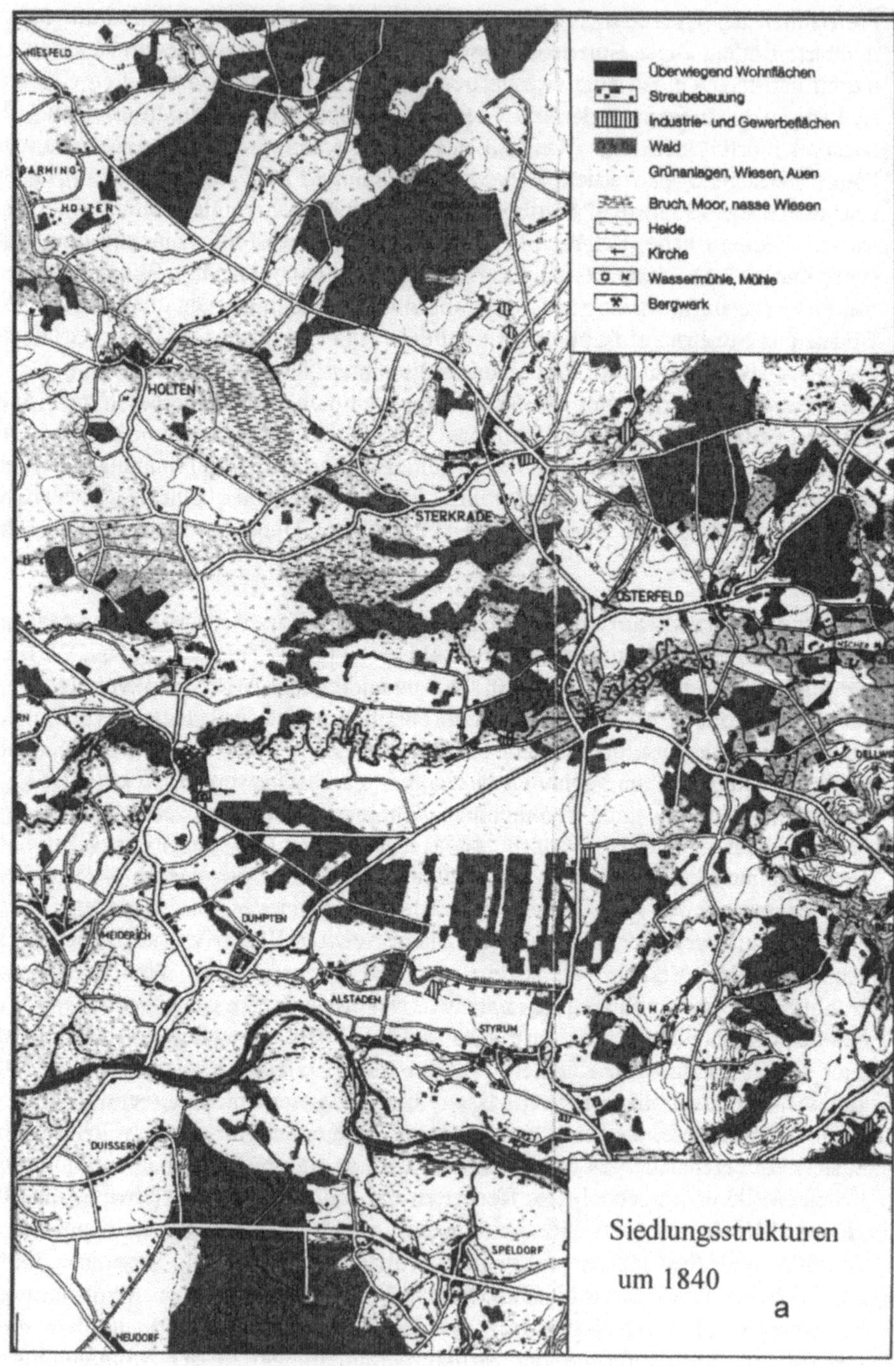

Abb. 2.4. Siedlungsentwicklung auf dem Gebiet der Stadt Oberhausen um **a** 1840 und **b** 1970 (Aus Spörhase u. Wulff 1991)

Überwiegend Wohnflächen
Streubebauung
Industrie- und Gewerbeflächen
Wald
Grünanlagen, Wiesen, Auen
Bruch, Moor, nasse Wiesen
Heide
Kirche
Wassermühle, Mühle
Bergwerk
Siedlungsstrukturen
um 1970
b

Abb. 2.4b.

14

Tabelle 2.1. Land- und forstwirtschaftliche Nutzflächenentwicklung im Kern des Ruhrgebiets (Dege u. Dege 1983)

Jahr	Landwirtschaftliche Nutzfläche [%]	Forstwirtschaftliche Nutzfläche [%]
1893	69,5	16,0
1960	39,4	8,3

Tabelle 2.2. Wandel des Waldanteils und der besiedelten Fläche im Ruhrgebiet in den Jahren von 1883-1989 (KVR 1990)

Jahr	Waldanteil		Siedlungsfläche	
	[%]	[km²]	[%]	[km²]
1883	20,3	900	6,9	306
1927	18,6	824	14,0	620
1952	15,5	687	19,8	878
1960	15,0	665	23,2	1028
1970	15,9	705	27,1	1201
1989	17,1	758	34,7	1538

Durch die Anlage der Straßen, Kanäle und Schienenstränge wurde die Landschaft der industriellen Verdichtungszonen stark zerschnitten. Neben dem direkten Bodenverbrauch wurden auch häufig das Grundwasser oder angrenzende Böden ökologisch in Mitleidenschaft gezogen. Für den Straßen- bzw. Gleisunterbau, Dammschüttungen oder die Anlage von wassergebundenen Decken wurde eine Vielzahl von unterschiedlichen — teilweise stark schadstoffhaltigen — Schlakken, Aschen und anderen „Baumaterialien" verwendet. Folge dieser Flächeninanspruchnahme ist, daß die Böden in industriellen Ballungszentren zu einem großen Anteil versiegelt, in ihrer biologischen Aktivität und Vielfalt reduziert sowie mit anorganischen und organischen Schadstoffen angereichert wurden.

Die intensive Beanspruchung der Böden äußert sich im Ruhrgebiet auch dadurch, daß
- 21% der Fläche (ca. 930 km²) durch Siedlungen, Industrie und Gewerbe überbaut sind
- 10% (ca. 440 km²) durch Straßen, Wege und Plätze versiegelt sind
- 3% (ca. 135 km²) durch Halden, Deponien und Aufschüttungen verändert sind (KVR 1990; GLA 1993)
- auch ein Großteil der Forstflächen sowie der innerstädtischen Grünanlagen (Parkanlagen, Gärten, Spiel- und Sportanlagen) aus Böden anthropogener Aufschüttungen bestehen

In dem seit ca. 150 Jahren stark industriell veränderten Ruhrgebiet liegen heute als Folge der Umstrukturierung und Neuorientierung der Bergbau- und Stahlindustrie große Flächen an Zechen-, Industrie- und Verkehrsbrachen vor. Nach Schätzungen des KVR (1990) gibt es im Ruhrgebiet rd. 6.000 ha Brachflächen, wobei zusammenhängende, brachliegende Industrieflächen mit bis zu 200 ha und mehr vorliegen. Die Entwicklung ist jedoch noch nicht abgeschlossen, sondern wird sich in Zukunft noch weiter fortsetzen. Vorausschauende Schätzungen gehen von 8.000-10.000 ha Brachflächen in den nächsten 10 Jahren aus. Die Industriebrachen sind häufig dadurch gekennzeichnet, daß sie in zentraler sowie verkehrstechnisch gut erschlossener Lage liegen und durch nicht mehr nutzbare Gebäude und Anlagen sowie durch Bodenverunreinigungen erheblich belastet sind (Altstandorte). In jüngster Zeit wurden verstärkt Anstrengungen unternommen, diese Flächenpotentiale für die Nutzungen Wohnen, Gewerbe und Erholung neu zu entwickeln und die Inanspruchnahme bisher noch weitgehend unverbauter Landschaft zu verhindern.

3 Ausgangssubstrate der Bodenbildung in Stadtböden

3.1 Diversität der technogenen Substrate

In anthropogen überprägten Stadtböden findet man außer umgelagerten natürlichen Fest- und Lockergesteinen eine große Anzahl technogener Substrate, die zuvor unterschiedliche technische Prozesse durchlaufen haben. Derzeit werden in der kommunalen Praxis vorwiegend folgende Hauptkomponentengruppen gegeneinander abgegrenzt (Tabelle 3.1):

a) Bauschutt

b) Schlacken

c) Aschen

d) Bergematerial

e) Müll

f) Schlämme

Tabelle 3.1. Gliederung der technogenen Substrate in Hauptkomponentengruppen, Komponentengruppen und Komponenten

Hauptkomponentengruppe	Komponentengruppe	Komponenten
Bauschutt	Siedlungs- und Gewerbebauschutt	Ziegel
		Gips
		Mörtel
		Beton und Stahlbeton
	Bauschutt des Straßenbaus (Asphaltaufbruch)	Asphalt auf Bitumenbasis
		Asphalt auf Teerbasis
		Asphalt auf Verschnittbitumenbasis, Asphalt auf Bitumenstraßenteerbasis

Tabelle 3.1. Fortsetzung

Hauptkomponenten-gruppe	Komponentengruppe	Komponenten
Schlacken	Hochofenschlacken	Hochofenstückeschlacke
		Hüttenbims
		Hüttenwolle
		Hüttensand
	Stahlwerkschlacken	LD-Schlacke
		SM-Schlacke
		Elektroofenschlacke
	Metallhüttenschlacken	Kupferschlacke
		Bleischachtofenschlacke
		Chromschlacke
		Zinkschlacke/Zinkoxidschlacke
		Wälzofenschlacke
Aschen	Steinkohlekraftwerkaschen	Rostasche (Trockenkammerfeuerung)
		Schmelzkammergranulat (Schmelzfeuerung)
		Flugasche (Trockenkammerfeuerung)
		Ofenausbruch
		Hausbrandasche
	Braunkohlekraftwerkaschen	Rostasche
		Flugasche
		Ofenausbruch
		Hausbrandasche
	Müllverbrennungsaschen	MV-Rohasche
		MV-Flugasche
Bergematerial und Kohle	Bergematerial	Haldenberge (Gruben-, Waschberge)
		Gebrannte Berge
	Kohle (produkte)	Steinkohle / Anthrazitkohle
		Steinkohlenkoks
		Braunkohle
		Braunkohlenkoks
Müll	Hausmüll	Kunststoff
		Glas
		Keramik
		Metall
		Holz
		Verbundmaterialien
		Organ. Reststoffe
		Problemabfälle
	Sperrmüll	Materialverbundstoffe
Schlämme	Schlämme der Wasseraufbereitung und Gewässerunterhaltung	Klärschlamm
		Fäkalschlamm
		Baggerschlamm
	Industrieschlämme	Nicht weiter differenziert

3.2
Entstehungsmodalitäten der technogenen Substrate

3.2.1
Bauschutt

Bauschutt, der bei der Demontage von Gebäuden entsteht, läßt sich im Rahmen der Bodenkartierung weder makroskopisch noch analytisch eindeutig den Bereichen Siedlungs- bzw. Wohnungsbau oder Gewerbe- bzw. Industriebau zuordnen. Auch seine Entstehung (zivile Demontage von Gebäuden oder Kriegstrümmerschutt) kann nicht eindeutig bei der Substratansprache differenziert werden. Diese Umstände lassen eine weite Amplitude der Schadstoffgehalte bei der Analyse der einzelnen Komponenten erwarten (vgl. Kap. 3.5). Komponenten des Siedlungs- und Gewerbebauschutts sind Ziegel, Mörtel, Gips und Beton.

Als *Ziegel* (Mauer- und Dachziegel) werden gebrannte Gesteine aus ton- bzw. lehmhaltigen Ausgangsgesteinen bezeichnet. Außer der roten oder der gelbroten Farbe hebt sich die Feinporigkeit als dominierendes Merkmal hervor; entsprechend hoch ist die Wasseraufnahmekapazität von Ziegeln. In Stadtböden treten Ziegel in unterschiedlichster Ausrichtung auf (Mauerziegel im Normziegelformat L 25 • B 12 • H 6,5 cm, kantiger Ziegelbruch, verwittertes schluffiges Feinmaterial älterer Ablagerungen).

Beim *Gips, Mörtel und Beton* lassen sich Komponenten aus Bindemitteln ohne Zuschlagstoffe (Gipse) und aus Bindemitteln mit Zuschlagstoffen (Mörtel, Beton) trennen. Die gelben bis weißen Baugipse werden durch Brennen von Gipsstein ($CaSO_4$ • $2\ H_2O$) hergestellt und durch Zugabe von Wasser anschließend erhärtet. In Böden zeigen sie keine hohe Stabilität, da sie in Anwesenheit des Bodenwassers langfristig wasserlöslich sind. Baugipse treten in Böden als Bruchstücke von Bauplatten auf. Bei der Entstehung von Mörtel und Beton findet eine Verkittung von Zement und Zuschlagstoffen in Anwesenheit von Wasser statt. Die Rohstoffe des Zements sind unterschiedlicher Herkunft und weisen somit auch sehr unterschiedliche physiko-chemische Eigenschaften auf:

– Baukalke aus natürlichem Kalk- und Kalkmergelstein ($CaCO_3$) oder Dolomitstein ($MgCO_3$), die unterhalb der Sintergrenze gebrannt und anschließend mit Wasser gelöscht werden

– Zemente aus ton- und kalkhaltigen Rohstoffen, die bis zur Sinterung gebrannt werden (Portlandzement); außer den natürlichen Rohstoffen werden häufig andere technogene Substrate beigemengt:

a) Eisenportlandzement und Hochofenzement mit Beimengung von Hüttensand in unterschiedlicher Beimengungsgröße

b) Traßzement mit Beimengung von Hüttenbims

c) Flugaschenzement mit Beimengung von Flugaschen aus Steinkohlekraftwerken und Müllverbrennungsanlagen

Die Unterscheidung zwischen den Komponenten Mörtel und Beton wird primär über die Korngröße der Zuschlagstoffe definiert. Sind diese < 7 mm im Durchmesser, spricht man von Mörtel, anderenfalls von Beton. Zuschlagstoffe sind ungebrochenes natürliches Lockergestein (Sand, Kies), gebrochenes natürliches Festgestein (Splitt, Schotter) oder technogene Substrate (Hüttensand, Hochofenstückeschlacke, Hüttenbims oder Schmelzkammergranulat). Als Stahlbeton wird Beton in Verbindung mit Baustahlgeweben bezeichnet. In Böden treten Mörtel und Beton als Mörtel- und Betonschutt eingerissener Gebäudewände und -decken oder als Bruchstücke von Betonwerksteinen auf (z.B. Verbundpflaster). Eine besondere Beachtung bei Mörtel- und Betonvorkommen in Stadtböden sollte den verwitterten und korrodierten Asbest-Zement-Produkten zukommen, die eine Faserkonzentration von bis zu 10^{11} Fasern / 1 g Boden enthalten können (Spurny 1993).

Vom Terminus Bauschutt ist der Begriff *Baustellenabfall* (Tabelle 3.2.) zu trennen. Letzterer steht für sämtliche Rückstände, die bei Neu- und Ausbau von Bauwerken anfallen (Bilitewski et al. 1990) und zumindest im Umkreis von Baumaßnahmen ein gewichtiges Element der Bodenzusammensetzung sein können.

Tabelle 3.2. Baustellenabfälle als bodenbildendes Substrat im Nahbereich von Hochbaumaßnahmen (Bilitewski et al. 1990)

Komponente	Beispiele
Fe-Metalle	Reste von Eisenwerkstoffen
Nicht-Eisenmetalle	Reste von Werkstoffen aus Kupfer, Blei, Zink, Aluminium
Glas	Glasbruch
Bauholz	Reste von Holzbaustoffen, vornehmlich aus Nadelholz
Papiererzeugnisse	Kartonagen
Kunststoffe	Reste von Folien, Vergußmassen, Röhren, Verpackungen, Kabelführungen
Bautextilien	Planen
Altreifen	Abgenutzte Reifen von Baustellenfahrzeugen
Verkittende Stoffe	Klebstoffe, Spachtelmassen, Kitte
Faserbaustoffe	Reste von Holz-, Mineral-, Glasfaserstoffen

Beim *Bauschutt des Straßenbaus (Asphalt)* werden Substrate auf *Bitumenbasis* (Rückstand der Erdöldestillation) und auf *Teerbasis* (Rückstand des Verkokungsprozesses von Stein- oder Braunkohle) unterschieden. Hauptunterscheidungsmerkmal ist der auffällige Naphthalingeruch des Teerasphaltes. Zur Beeinflussung der Viskosität werden auch Übergangsformen verwendet (Bitumenstraßenteere). Generell ist im Bodenbereich davon auszugehen, daß Bitumen und Teer nur selten als Monosubstrat vorkommen, sondern mit Gesteinsgemischen verkittet sind. Natürliche Substrate sind dabei vornehmlich Sande, Kalk- und Dolomitgesteinsmehle, Basalt-, Diorit-, Diabas- oder Porphyrsplitt, technogene sind Bauschuttrecyclingstoffe, Hochofenschlacken, Rost- und Flugaschen der Kohlekraftwerke und Müllverbrennungsrohaschen. Erst die Verbindung von diesen Substraten mit Bitumen oder Teer wird als Asphalt bezeichnet.

3.2.2
Schlacken

Bei der Herstellung von Roheisen im Hochofen fallen aus der Gesteinsschmelze unter Zugabe von basischen Zuschlägen *Hochofenschlacken* an. Je nach Abkühlungsbedingungen entstehen dabei unterschiedliche technogene Substrate (FV Hochofenschlacke 1982):

- Bei langsamer Abkühlung enstehen kristalline, grau gefärbte *Hochofenstückeschlacken*, die im Rahmen der Aufbereitung gebrochen und gesiebt werden
- Bei mäßig schneller Abkühlung mit Wasser entstehen in Schäumanlagen teilkristalline, stark porige Schaumschlacken, die als *Hüttenbims* bezeichnet werden
- Wird in den Schäumanlagen Luft eingeblasen, entsteht eine fadenförmige, wollige Struktur (*Hüttenwolle*)
- Bei schlagartiger Abkühlung mit Wasser in Granulationsanlagen enstehen feinkörnige, glasige *Hüttensande*

Stahlwerkschlacken fallen als Nebenprodukt der Stahlerzeugung in Anwesenheit basischer Zuschläge (gebrannter Kalk) an. Als Ausgangsstoff dienen Roheisen, Schrott (z. T. als legierte Metalle) und vorreduziertes Erz. Bei der Abkühlung ensteht ein kristallines, dicht- und wenigporiges Gefüge. Der deutlich höhere Fe-Gehalt der Stahlwerkschlacken bewirkt ein höheres spezifisches Gewicht (> 3,5 g/cm³) als bei den Hochofenschlacken. Man unterscheidet mehrere Schmelzverfahren. Bis Anfang der 50er Jahre dominierte das 1878 entwickelte Thomasverfahren, bei dem sauerstoffreiche Luft von unten durch das phosphorreiche Roheisen geführt wird. Die dabei entstehenden Si-Oxide werden duch Kalkzuschläge in die sog. Thomasschlacke überführt, die in gemahlener Form als P-Düngemittel Einsatz findet. Bei dem parallel entwickelten Siemens-Martin-Verfahren (SM-Verfahren) wird das Roheisen durch heißes Generatorgas geführt, das eine bessere Temperaturregelung erlaubt und somit auch den Einsatz von Altschrott erlaubt. Eine Weiterentwicklung stellt das Linz-Donawitz-Verfahren (LD-Verfahren) dar, das heute marktführend ist. Bei dem ebenfalls heute bedeutenden Elektroofenverfahren werden unter Zusatz von Nickel oder Ferrochrom besonders hochwertige Stähle hergestellt. Unter dem Begriff *Eisenhüttenschlacken* werden Hochofenschlacken und Stahlwerkschlacken zusammengefaßt.

Als *Metallhüttenschlacken* werden Schlacken bezeichnet, die beim Schmelzen von Kupfer (*Kupferschlacken*), Zink (*Zinkschlacken*), Blei (*Bleischachtofenschlacken*) und Chrom (*Chromschlacken*) aus ihren Erzen oder bei der Gewinnung von Zinkoxid (*Zinkoxidschlacken*) entstehen. Sie werden entweder langsam abgekühlt, so daß sie zu kristallinen Stückeschlacken erstarren oder im Wasserstrahl schnell abgekühlt, so daß feinkörnige, granulierte Metallhüttenschlacken entstehen. Einen Sonderfall stellen die *Wälzofenschlacken* dar, die in einem Drehrohrofen bei der Entzinkung von Stahlwerkstaub entstehen.

3.2.3
Aschen

Bei den *Steinkohlekraftwerkaschen* sind in Abhängigkeit von dem Feuerungssystem Aschen des Trockenkammerverfahrens (Temperatur 1.200°-1.500° C) und des Schmelzkammerverfahrens (Temperatur 1.400°-1.700° C) zu unterscheiden. Die Aschen des erst genannten Feuerungssystems werden als *Rost- oder Kesselaschen* bezeichnet. Auffälligstes Unterscheidungsmerkmal zu den Schlacken sind die kugelig-aufgeblasenen Oberflächenstrukturen der Rostaschen. Bei der Schmelzfeuerung, bei der es zu einem Aufschmelzen der Kohle kommt, werden die Aschen mit Wasser schnell abgekühlt, so daß sie eine glasige Struktur erhalten (*Schmelzkammergranulat*). Außer den stückigen Rostaschen produzieren Steinkohlekraftwerke schluffig-feinsandige *Flugaschen* (Elektrofilterstäube der Rauchgasreinigung). Im Rahmen von Revisionsarbeiten an den Kesselzügen fällt außerdem stückiger *Ofenausbruch* an. Prinzipiell die gleichen technogenen Substrate (Rostaschen bzw. Kesselaschen, Flugaschen bzw. Elektrofilterstäube, Ofenausbruch) stehen als Endglieder auch bei der *Braunkohlekraftwerkstechnik* an. Im urbanen Bereich ist häufig mit einer gleichzeitigen Ablagerung von stückigen Rostaschen und Flugaschen zu rechnen.

Außer den kraftwerkspezifischen Aschen treten in Stadtböden *auch Aschen des privaten Hausbrandes* hervor. Hier handelt es sich um Verbrennungsrückstände, deren Herkunft häufig nicht alleine kohlebürtig ist, da auch Abfallstoffe in solchen Öfen verfeuert werden. Die Hausbrandaschen sind schluffig und braungefärbt.

Als Rückstände der Müllverbrennungsanlagen fallen Müllverbrennungsrohaschen und -flugstäube an. Die MV-Rohaschen werden in der Literatur häufig als Müllverbrennungsschlacken bezeichnet (LAGA 1984). Es sollte jedoch zur begrifflichen Abgrenzung eine klare Trennlinie zwischen den Produkten von Verhüttungsprozessen (= Schlacken) und denen von Verbrennungsprozessen (= Aschen) gezogen werden. In Abhängigkeit von den unterschiedlichen Ausgangsstoffen der Müllverbrennungsanlagen (Hausmüll, hausmüllähnliche Gewerbeabfälle, Klär- und Baggerschlämme) weisen *die MV-Rohaschen* unterschiedliche Erscheinungsbilder auf. Symptomatisch sind jedoch im Gegensatz zu den Kohlekraftwerkaschen erhebliche Anteile an Metall, Glas und Keramik. Die *MV-Flugaschen* werden wie alle Gipse der Schadgasabscheidung meist geordnet deponiert, so daß sie sich in den Böden der urban-industriellen Verdichtungsräume nur selten finden.

3.2.4
Bergematerial und Kohle(produkte)

Das als Bergematerial (= Berge) bezeichnete Nebengestein der Kohle wird meist nicht als technogenes Substrat bezeichnet, da es sich um ursprünglich natürliches Gestein handelt. Im Bereich der Braunkohlenreviere, deren Abbau weitestgehend über Tage vonstatten geht, besteht das Bergematerial überwiegend aus quartären

Lockersedimentschichten (Löß, Sandlöß, Geschiebemergel, Geschiebelehm). Im Bereich der Steinkohlenreviere sind die quartären Substrate jedoch quantitativ als Bergematerial unbedeutend; geologisch ist hier das Bergematerial dem Karbon zuzuordnen, dessen Gesteine neben der Zutageförderung verschiedene technische Prozesse durchlaufen:

– Kohlewäsche, bei der die hellgraue *Waschberge* entsteht
– Aufhaldung, bei der infolge ungenügender Schütttechniken durch Haldenbrände die rote *gebrannte Berge* entstehen kann

Das Bergematerial des Stein- und Braunkohlenbergbaus erfährt nach Zutageförderung und Aufhaldung vielseitige physiko-chemische Umwandlungsprozesse, die ohne den anthropogenen Eingriff nicht zustande gekommen wären (z.B. physikalische Verwitterung, Tonmineralverwitterung, Pyritoxidation). Mit der Aufhaldung bzw. Ablagerung im Boden ist eine Vielzahl von ökologischen Folgeproblemen verbunden, die in ihrer Wirkung denen anderer technogener Substrate durchaus vergleichbar ist (Sickerwasseraustritt, kleinklimatischer Eingriff durch Haldenkörper, Probleme der Wiederbegrünung bergematerialgeprägter Böden, Kontamination des Bodens durch Beimengung von belastetem Bergematerial). Aufgrund der nach Zutageförderung einsetzenden anthropogen verursachten technischen Abläufe (Kohlewäsche, Haldenbrände), die das Ausgangsmaterial physiko-chemisch stark verändern, und aufgrund der damit zusammenhängenden ökologischen Folgewirkungen, die durchaus denen von Schlacken und Aschen vergleichbar sind, wird das Bergematerial abweichend von der allgemein üblichen Zuordnung als technogenes Substrat bezeichnet. Eine solche Zuordnung läßt auch die Eingruppierung des radioaktiv kontaminierten Bergematerials des Uranbergbaus zu.

Im Steinkohlenbergbau werden die beim Abteufen der Schächte und Öffnen der Strecken anfallende Gruben- bzw. Querschlagberge und die bei der Kohlewäsche anfallende Waschberge im Regelfall gemeinsam aufgehaldet (*Haldenberge*). Petrographisch setzt sich die Haldenberge hauptsächlich aus Schiefertonen (Ton-, Toneisen-, Schluffstein), Sandstein, Brandschiefer (kohlestreifiger Schieferton) und Kohle zusammen (Wiggering u. Kerth 1991).

Auch bei der *Kohle* lassen sich für bestimmte Komponenten technogene Prozesse nachweisen. Brikettbruchstücke sind gepreßter Steinkohlenstaub unter Beimengung von Steinkohlenteerpech als Bindemittel. Beim stückigen, porösen *Koks* entgast Kohle durch Erhitzen unter Luftabschluß.

3.2.5
Müll

Von Interesse sind v.a. diejenigen Abfallstoffe aus dem breiten Spektrum des gesamten Abfallkataloges (LAGA 1992), die auch tatsächlich in Stadtböden feststellbar sind. Bedeutend sind dabei partikuläre Reststoffe aus:
a) *Kunststoff* (Polyethylen, Polypropylen, Polystyrol und Styropor) und *Gummi*

b) *Glas* (Weiß- und Buntglas)
c) *Keramik* (Töpferware, Steingut, Porzellan, Steinzeug)
d) *Metall* (Ferromagnetische und Nichtmagnetische Metalle)
e) *Holz* (Verarbeitungsprodukte, Bauholz)
f) *Verbundmaterialien* (aus a) bis e) zusammengesetzte Materialien)

Weniger bedeutend sind diejenigen Stoffe, die einer mikrobiellen Zersetzung im Boden unterliegen und damit kein bodenbildendes Substrat von längerer Zeitdauer sein können (Papier, Pappe, Vegetabilien, Tierkot, weitere *organische Reststoffe* wie Grünschnitt und Gartenabfälle). Quantitativ in den Hintergrund tretend sind *Problemabfälle* jeder Art (z.B. Farbreste, Batterien etc.) und *Sperrmüllbestandteile.*

Die in die Hauptkomponentengruppe Müll einzusortierenden Stoffe müssen im Boden des urban-industriellen Verdichtungsraumes den Charakter von Abfallablagerungen haben. Substrate, die im Rahmen garten- oder landschaftsbaubedingter Tätigkeiten in Stadtböden gelangen oder zum Bestandsabfall der Vegetation gehören, sind demgegenüber nicht als Müll zu klassifizieren. Dazu sind natürliche, organische Substrate wie Rindenmulch, Pflanzenhäcksel, Kompost, Torf, Stroh und Laub zu zählen. In die Gruppe der natürlichen Beimengungen in Böden ist ebenso die Holzkohle zu stellen.

3.2.6
Schlämme

Klärschlämme (Rohschlamm der Vorklärbecken, Überschußschlamm der Belebungsbecken und Faulschlamm der Faulbehälter) können auf landwirtschaftlichen Nutzflächen auch im urban-industriellen Raum in den Böden auftreten. Auffälligstes Kriterium ist meist ein deutlicher NH_3-Geruch. Die *Fäkalschlämme* haben keine Kläranlagen durchlaufen, treten aber in bestimmten Flächennutzungen heute noch auf (z.B. Kleingartenanlagen). Die Gruppe der Schlämme bezieht auch die der Gewässerunterhaltung entstammenden *Baggerschlämme* ein.

Allen Schlämmen gemeinsam ist ihre problematische Identifizierung im Boden nach der Applikation, da sie in flüssig-breiiger Konsistenz aufgetragen werden und sich mit der vorhandenen Bodenmatrix mischen. Schlammablagerungen in Monodeponien wie in Flugaschenspülfeldern sind anhand der einzelnen Sedimentationsschichten i. d. R. gut erkennbar (Bahmani-Yekta et al. 1989). *Industrieschlämme* sind meist in nicht zugänglichen Monodeponien anzutreffen. Sie sollen im Rahmen dieses Buches jedoch nicht weiter behandelt werden.

3.3
Eigenschaften der technogenen Substrate

In der Praxis stellt das Erkennen technogener Substrate in Stadtböden den Kartierer häufig vor große Probleme. Nicht zuletzt deshalb werden in Schichtenverzeichnissen bzw. Kartierblättern ungenaue Angaben (z.B. Schlacke/Asche) gemacht, die der Vielfältigkeit und v.a. den unterschiedlichen Eigenschaften auch in Hinblick auf das Schadstoffpotential nicht gerecht werden. Inzwischen liegt ein Bestimmungsschlüssel vor, der technogene und natürliche Substrate urban-industrieller Böden erfaßt (Meuser 1996 b). Zusammenfassend sind in Tabelle 3.3 für die wichtigsten festen technogenen Substrate (außer Müll) leicht erkennbare Eigenschaften dargestellt. Auf viele Unterscheidungsmerkmale wurde bereits in Kap. 3.2 eingegangen.

Als Merkmale sind zu nennen:
a) auffälliger Geruch
b) als Grundfarbe bezeichnete, dominierende <u>Farbe</u> des Substrates
c) <u>Festigkeit</u> der Substrate > 2 mm (sehr schwach–schwach–mittel–stark–sehr stark)
d) <u>Oberflächenbeschaffenheit</u> der Substrate > 2 mm (glatt–rauh, matt–glänzend, kantig–abgerundet)
e) innere <u>Struktur</u> der Substrate > 2 mm, die nach dem Aufbrechen sichtbar wird (Porosität, Kristallinität, Makrogefüge)
f) <u>Korngröße</u>
g) <u>Carbonatgehalt</u> (HCl-Test)
h) <u>sonstige Merkmale</u>

Tabelle 3.3. Merkmale fester technogener Substrate städtischer Verdichtungsräume (ausgenommen Müll) (Meuser 1996 a, ergänzt)

Substrat	Geruch	Grundfarbe	Festigkeit	Oberflächen-beschaffenheit	Struktur	Körnung	Carbonate (Gew.-%)	Sonstige Merkmale
Bauschutt (Siedlungs- und Gewerbebau)								
Ziegel	--	Rot	Mittel-stark	Matt/rauh/kantig-abgerundet	Weitpo-rig	Ziegelsteine, -bruch, Feinmaterial	0	--
Gipse	--	Weiß, Gelbweiß	Sehr schwach – schwach	Matt/rauh/kantig	Dicht-porig	Schluffig technogene Körper	< 3	Hoch wasserlöslich
Mörtel	--	Grau	Schwach-mittel	Matt/rauh/kantig-abgerundet	Konglo-meratisch	Indifferenter Größe 2–200 mm	> 10	z.T. Beläge
Beton, Stahlbeton	H_2S [a]	Hellgrau-dunkelgrau	Sehr stark	Matt/rauh/kantig-abgerundet	Konglo-meratisch	Technogene Körper indifferenter Größe	> 10	z.T. Stahl-gewebe, z.T. Oberflächen-tönungen
Bauschutt (Straßenbau)								
bituminöser Asphaltaufbruch	--	Schwarz	Mittel-stark [b]	Glänzend/glatt/abgerundet-kantig	Konglo-meratisch	2–200 mm	0	Klebrig [b], zäh-plastisch [b]
Asphaltaufbruch (Teer)	Naph-thalin	Schwarz	Schwach-mittel [b]	Matt-glänzend/rauh/kantig	Konglo-meratisch	2–200 mm	0–3	--

Tabelle 3.3. Fortsetzung

Substrat	Geruch	Grundfarbe	Festigkeit	Oberflächenbe-schaffenheit	Struktur	Körnung	Carbonate (Gew.-%)	Sonstige Merkmale
Hochofenschlacken								
Hochofenstücke-schlacken	H_2S [a]	Weißgrau	Sehr stark	Matt/rauh/abge-rundet	Dicht-porig	3–70 mm, meist > 30 mm	0,5–3	z.T. Eisenanteile
Hüttenbims	H_2S [a]	Bunt	Mittel-stark	Matt/rauh/ kantig	Dicht-porig	5–30 mm	0,5–3	Geringes spez. Gewicht
Hüttensand	H_2S [a]	Weißgrau-hellocker	--	--	--	< 6 mm	< 0,5	Kantiges Einzelkorn
Hüttenwolle	--	Weiß	Sehr schwach	Matt/rauh	Wollig	Keine Textur	0	Exotherme Reaktion (mit HCl)
Stahlwerksschlacken								
LD-Schlacken	H_2S [a]	Dunkelrot-braun	Sehr stark	Matt-glänzend/ rauh-glatt/ kantig	Wenig-porig	3–70 mm, meist > 30 mm	3–10	Eisenanteile
SM-Schlacken	H_2S [a]		Stark	Matt/rauh-glatt/ kantig-abgerun-det	Wenig- und eng-porig	3–70 mm, meist > 30 mm	3–10	Eisenanteile
Elektroofen-schlacken	--	Hellgrau-schwarzgrau Grau	Sehr stark	Matt/rauh/ kantig-abgerundet	Ver-backen	< 35 mm	3–10	Schwarze Einschlüsse

Tabelle 3.3. Fortsetzung

Substrat	Geruch	Grundfarbe	Festigkeit	Oberflächenbe-schaffenheit	Struktur	Körnung	Carbonate (Gew.-%)	Sonstige Merkmale
<u>Aschen (Kohlekraftwerke, Hausbrand)</u>								
Rostaschen (Steinkohle)	H_2S [a]	Dunkelgrau	Schwach-mittel	Matt/sehr rauh/kantig	Porig, Kugelig-aufgeblasen	< 35 mm	< 0,5	--
Flugaschen (Steinkohle)	--	Dunkelgrau	--	--	--	0,002–0,2 mm	0	--
Schmelzkammer-granulat	--	Schwarz	Sehr stark	Glänzend/glatt/kantig	Glasig	< 8 mm	< 0,5	--
Rostaschen (Braunkohle)	H_2S [a]	Dunkelgrau-braun	Mittel	Matt/grau/kantig	Porig, Kugelig-aufgeblasen	indifferent	0,5–3	--
Flugaschen (Braunkohle)	H_2S [a]	Grau-braun / grauschwarz	--	--	--	0,002–0,2 mm	3–10	--
Hausbrandaschen	--	Grauschwarz -graubraun	--	--	Kugelig-aufgeblasene Reste	Pulvrig und stückig	0	z.T. Metallanteile, unvollständig verbrannte Restbestände
Ofenausbruch	H_2S [a]	Dunkelrot-braun	Schwach-mittel	Matt/sehr rauh/kantig/hakig	Porig, Kugelig-aufgeblasen	Technogene Körper indifferenter Größe	< 0,5	Indifferente Färbung

Tabelle 3.3. Fortsetzung

Substrat	Geruch	Grundfarbe	Festigkeit	Oberflächenbe-schaffenheit	Struktur	Körnung	Carbonate (Gew.-%)	Sonstige Merkmale
Aschen (Müllverbrennungs-anlagen)								
MV-Rohaschen	H_2S [a]	Dunkelgrau	Stark	Matt/rauh/ kantig-abgerundet	Grob-porig	< 35 mm	> 10	Metall- und Glasanteile
				--				--
MV-Flugaschen	H_2S [a]	Hellgrau		--	--	0,002–0,2 mm	> 10	
Bergematerial und Kohleprodukte								
Haldenberge	--	Hellgrau-schwarzgrau	Mittel-stark	Matt/rauh/ kantig-abgerundet	Schiefrig	<150 mm (Waschberge), selten > 300 mm	< 0,5	Kohleanteile
Gebrannte Berge	--	Rot-rotgrau	Stark	Matt/rauh-glatt/kantig	Schiefrig	technogene Körper indifferenter Größe	0	--
Steinkohle (Grus)	--	Schwarz	Stark	Glänzend/glatt/ abgerundet	--	meist < 0,75 mm	0	Abfärbend
Braunkohle	--	Braun/braun-schwarz	Schwach-mittel	Matt/glatt/kantig -abgerundet	--	indifferent	0	Holzig-faserig
Koks	Muffig	Grauschwarz	Stark	Matt/rauh/abge-rundet	Feinporig	30–80 mm	0	Silbrig-glänzend

[a] = bei HCl-Zugabe
[b] = Temperaturabhängigkeit

3.4
Vorkommen der technogenen Substrate

Im folgenden soll beleuchtet werden, inwieweit technogene Substrate in den Böden urban-industrieller Verdichtungsräume als bodenbildende Substrate von Bedeutung sind. Dabei empfiehlt sich eine an der jeweiligen Flächennutzung orientierte Betrachtung. Ausgehend von den sehr gut untersuchten Verhältnissen im Stadtgebiet von Essen (Abb. 3.1) soll das Vorkommen der technogenen Substrate in Stadtböden dargestellt und mit anderen urbanen Räumen wie Berlin verglichen werden.

Bei den *Bolz-* und *Sportplätzen* wurden wie bei den wassergebundenen Wegeflächen ausschließlich Standorte mit technogenen Substraten vorgefunden. Die Ursache ist darin zu suchen, daß zumindest eine Schicht dieser Böden aus technogenen Substraten erbaut wurde. Ebenfalls ein sehr hoher Anteil ist bei den gepflegten Rasenflächen und Zierstrauchrabatten feststellbar; offensichtlich werden diese im Freiflächenbereich sehr häufig zur Ablagerung von mit technogenen Substraten angereicherten Bodengemengen verwendet. Die Brachflächen (*ruderale Wiesen, Hochstaudenfluren*) unterscheiden sich von den gepflegten Freiflächen nur unwesentlich. Dieser Sachverhalt verwundert, zeigt aber, daß die aktuelle Vegetation nicht unbedingt Aufschluß über den Substrataufbau des Bodens geben muß, daß also brach gefallene Ödlandflächen durchaus weniger mit technogenen Substraten angereichert sein können als Flächen der öffentlichen Park- und Grünanlagen. Der Anteil der Böden mit technogenen Substraten bei Gartennutzung erwies sich trotz der Bodenbewirtschaftung als relativ hoch. Niedrige Anteile an Böden mit technogenen Beimengungen finden sich im urbanen Raum lediglich im landwirtschaftlichen Bereich (*Acker, Grünland*). Folglich finden sich hier auch die meisten Bodenprofile natürlicher Pedogenese im städtisch-industriellen Verdichtungsraum. Lokal können auf landwirtschaftlichen Nutzflächen infolge verfüllter Bombentrichter oder Bergsenkungsbereiche höhere Anteile technogener Beimengungen aufgefunden werden.

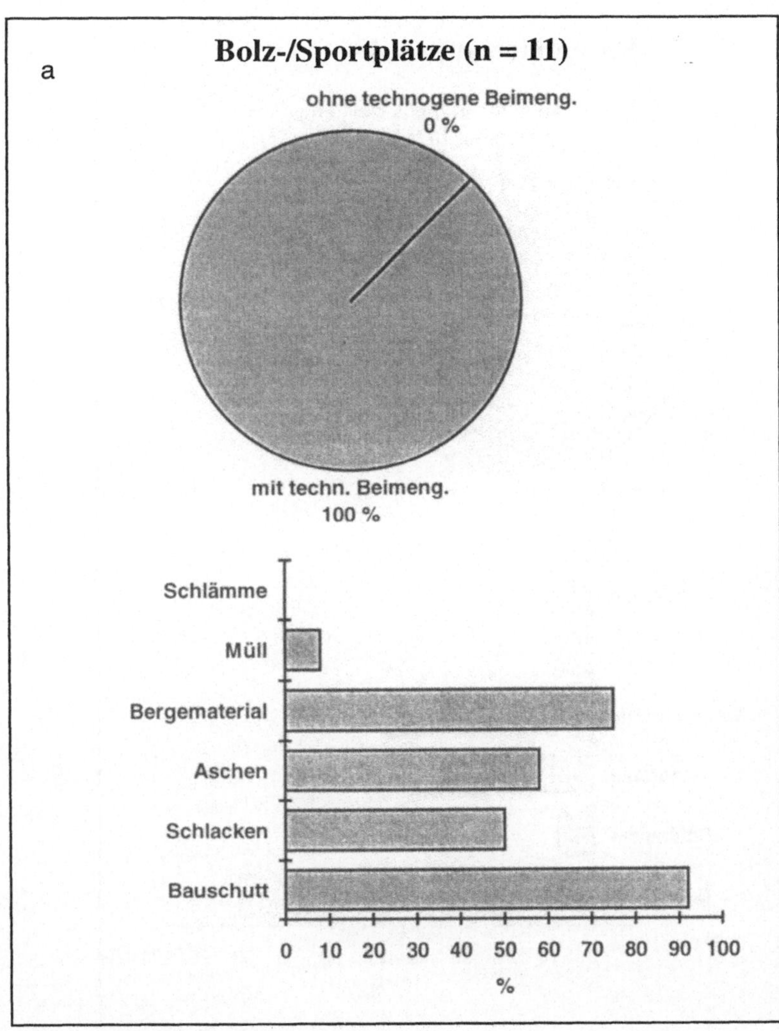

Abb. 3.1a-e. *Kuchendiagramme*: Anteil der nach Bodennutzungstypen differenzierten Untersuchungsstandorte mit und ohne technogene Beimengungen in Essen (Untersuchungstiefe 100 cm, Angaben in [%]); *Balkendiagramme:* Vorkommen von Bauschutt, Schlacken, Aschen, Bergematerial, Müll und Schlämmen in den nach Bodennutzungstypen differenzierten Böden (Untersuchungstiefe 100 cm, [%]; Mehrfachnennungen bei Bodengemengen sind möglich)

b
Rasenflächen (n = 49)
ohne technogene Beimeng.
10 %
mit techn. Beimeng.
90 %
Schlämme
Müll
Bergematerial
Aschen
Schlacken
Bauschutt
0 10 20 30 40 50 60 70 80 90 100
%

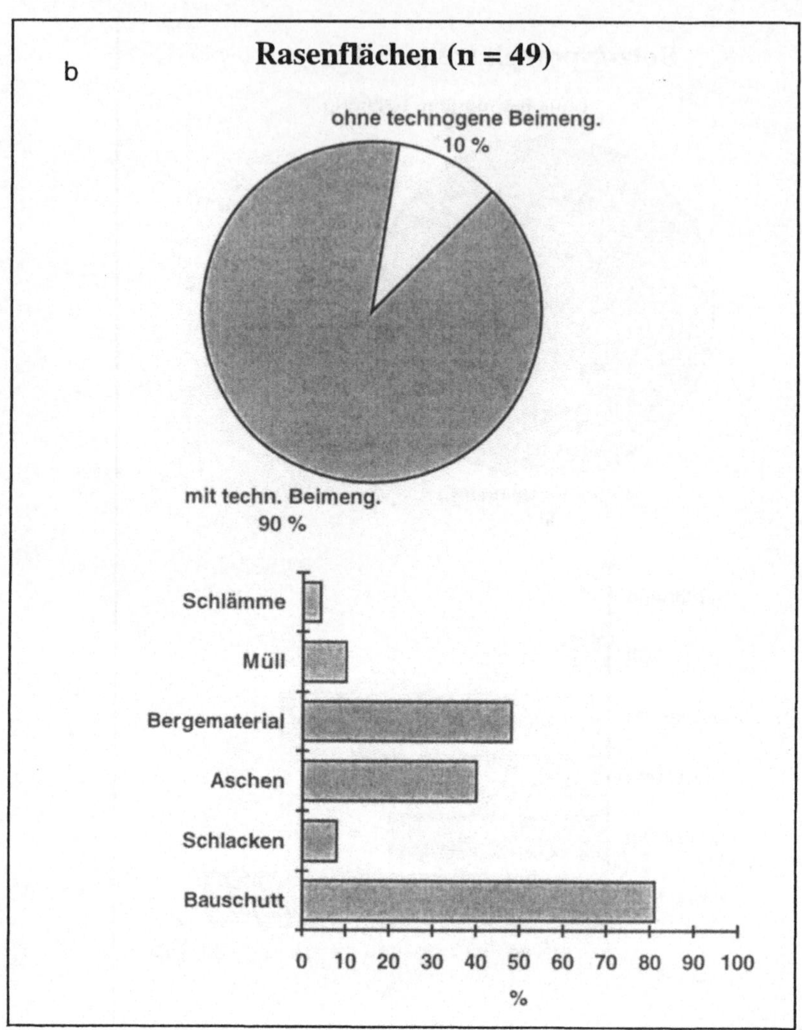

Abb. 3.1b

c
Ruderalflächen (Wiesen) (n = 25)
ohne technogene Beimeng.
16 %
mit techn. Beimeng.
84 %
Schlämme
Müll
Bergematerial
Aschen
Schlacken
Bauschutt
0 10 20 30 40 50 60 70 80 90 100
%

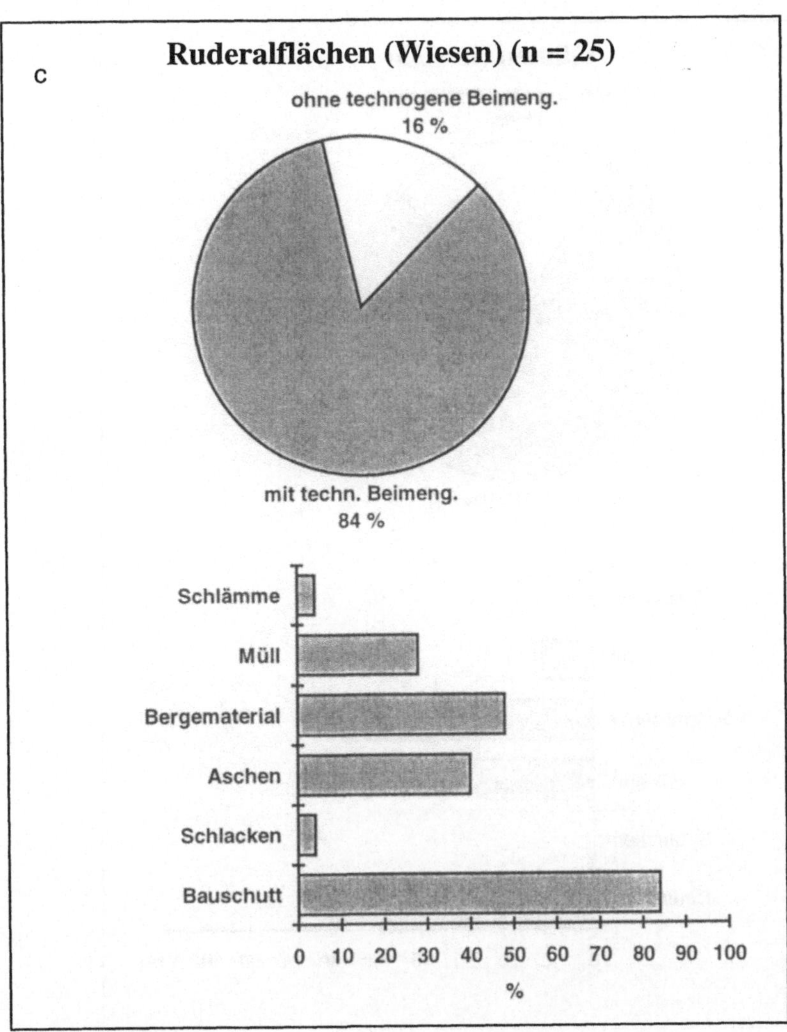

Abb. 3. 1c

34

d
Gärten (n = 23)
ohne technogene Beimeng.
22 %
mit techn. Beimeng.
78 %
Schlämme
Müll
Bergematerial
Aschen
Schlacken
Bauschutt
0 10 20 30 40 50 60 70 80 90 100
%

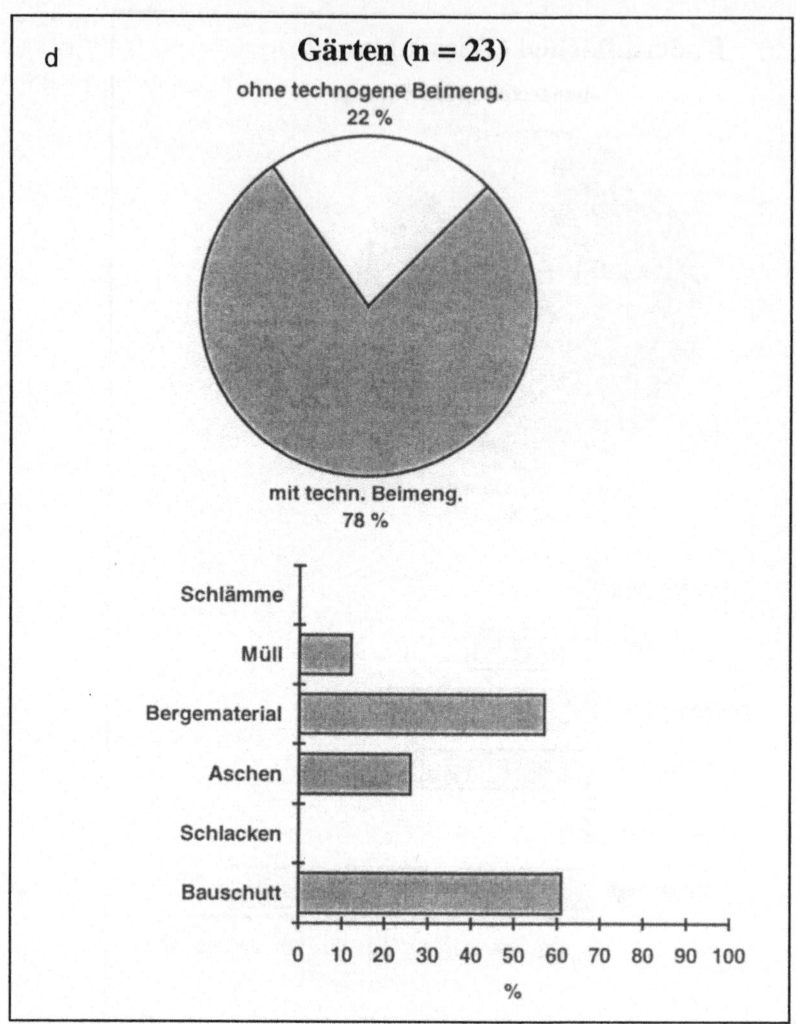

Abb. 3.1d

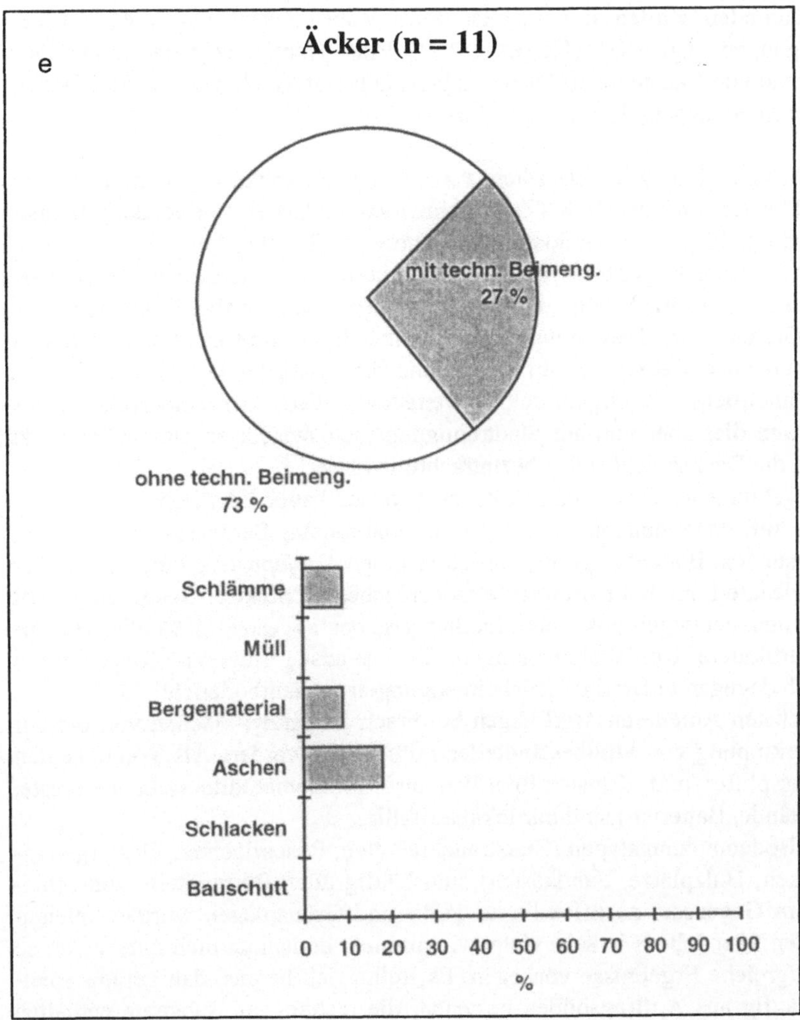

Abb. 3.1e

Bauschuttbestandteile sind die generell am meisten angetroffenen technogenen Substrate. Auf einzelne Bodenhorizonte oder Schichten ohne Berücksichtigung ihrer Mächtigkeit bezogen, wurden in Essen in 46 % aller Horizonte Ziegel und in 24 % Mörtel angetroffen, während die anderen Substrate Gips, Beton, Stahlbeton, bituminöser Straßenaufbruch und Straßenaufbruch auf Teerbasis nur eine untergeordnete Bedeutung erlangen. Die Dominanz von Bauschuttablagerungen in Böden der städtischen Verdichtungsräume wird auch durch andere Untersuchungen aus Großstädten bestätigt. Im Berliner Tiergarten ließen sich großflächig Bodenprofile mit Bauschuttanteilen auffinden. Auswertungen von Trümmerschuttböden der Berliner Innenstadt ergaben, daß 80 % des Skelettanteils auf die technogenen Beimengungen Ziegel und Mörtel zurückzuführen ist (Runge 1978). In Gelsenkirchener Stadtböden wurden in 77 % aller Bodenproben Ziegel- und in 41 % Mörtelbeimengungen registriert (Herget 1992). Eine Dominanz bauschutthaltiger Substrate und von Baustellenabfällen ergaben auch Untersuchungen in Stadtböden der britischen Hauptstadt London (Bridges 1991).

Ein hoher Anteil an *Schlacken* liegt v.a. bei den Bolzplätzen und anderen versiegelten Flächen vor, für deren Tragschichtenbau Schlacken Verwendung finden. Innerhalb der Schlacken dominieren die Hochofenstückeschlacken.

Die *Aschen* sind insgesamt weniger verbreitet als Bauschutt, aber häufiger als die Schlacken. Hervorzuheben sind die Rostaschen, während die Hausbrandasche außer in Gärten kaum Bedeutung erlangt. Ein hoher Anteil an Aschen bei den wassergebundenen Decken ist auf das Schmelzkammergranulat zurückzuführen, das im Winterdienst als Streumittel Verwendung findet. Nach dem Abtauen des Schnees kann dies aber von der Stadtreinigung nicht wieder entfernt werden, da sonst auch die Deckschicht selbst beeinträchtigt würde.

Wassergebundene Decken und Bolzplätze weisen baubedingt hohe *Bergematerialanteile* auf; dabei handelt es sich v.a. um Gebranntes Bergematerial. In 20 % aller untersuchten Bodenhorizonte wurden in Essen *Kohlepartikel* festgestellt. Der hohe Kohleanteil muß als ruhrgebietsspezifisches Charakteristikum eingestuft werden. Untersuchungen aus Gelsenkirchen ergaben sogar in 41 % aller Bodenproben partikuläre Kohlebeimengungen. In weitaus geringerer Konzentration fanden sich dagegen in Berlin Kohlebeimengungen in Stadtböden (1 %).

Die höchsten Anteile an *Müll* liegen bei brach liegenden Flächen vor, die zur wilden Verkippung von Müllbestandteilen mißbraucht wurden. Als Komponenten treten Glassplitter und Kunststoffpartikel auf. Problemabfälle (z.B. Farbreste, Teerrückstände, Batterien) sind nur lokal auffällig.

Einige Bodennutzungstypen (Zierstrauchrabatten, Rasenflächen, Wassergebundene Decken, Bolzplätze, Sandkästen) sind häufig auch Bestandteile von Spielanlagen. Im Gegensatz zu öffentlichen Park- und Grünanlagen wurden Spielanlagen in den 90er Jahren in sehr vielen Kommunen bodenkundlich untersucht, so daß umfangreiche Ergebnisse vorliegen. Es stellte sich heraus, daß gerade Spielanlagen häufig aus Auftragsböden bestehen, die technogene Substrate enthalten (Meuser u. Schwermann 1992).

Technogene Substrate treten häufig nicht als isolierte Monosubstrate, sondern in Gemengeformen im Boden auf. Die Zusammensetzung der Gemenge wechselt horizont- bzw. schichtenspezifisch. Die Auswertung von ca. 900 Bodenhorizonten aus der Tiefe 0 - 100 cm im Stadtgebiet von Essen (Tabelle 3.4) ergab, daß ca. 33 % aller Bodenhorizonte frei von technogenen Beimengungen sind (Horizonte natürlicher Pedogenese, umgelagerte natürliche Substrate). In etwa 11 % lassen sich lediglich Einzelfunde nachweisen (z.B. ein einzelnes Ziegelstück), die auch aus Bohrstockverschleppungen herrühren können. Wenn technogene Substrate im Boden nachweisbar sind, treten diese in der Mehrzahl der Fälle im Gemenge mit Mineralböden (Lößlehm, Sandlöß, Sand, Karbongestein, Auenlehm etc.) und nicht als technogene Substrate ohne Bodenanteil auf (39 gegenüber 14 %). Nur in 3 % aller Fälle finden sich Schichten aus reinen technogenen Monosubstraten. Bei anthropogen überformten Böden kann generell davon ausgegangen werden, daß primär Gemengeformen vorliegen. Dies wird durch stadtbodenkundliche Arbeiten aus Kiel (Cordsen 1993) und Stuttgart (Holland 1996) ebenso bestätigt wie durch die Untersuchungen von Kippböden des Braunkohlentagebaus in Ostdeutschland (Wünsche u. Altermann 1990).

Tabelle 3.4. Anzahl (n) und Anteil [%] der Horizonte bzw. Schichten unterschiedlicher Gemengeformen in Essener Böden; Betrachtungstiefe 100 cm

	n	[%]
Horizonte ohne technogene Beimengungen	293	32,9
Horizonte mit sehr geringen technogenen Beimengungen (Einzelfunde)	96	10,8
Gemenge aus Mineralboden und technogenen Substraten	350	39,3
Technogene Monosubstrate	28	3,1
Gemenge aus technogenen Substraten	124	13,9
Gesamt	891	100,0

3.5
Belastungspotential technogener Substrate

Nicht nur bei spezifischen Bodenuntersuchungen auf Altablagerungen, sondern generell werden im urbanen Raum stark erhöhte Schadstoffgehalte festgestellt. Diese lassen sich nur z.T. mit atmogenen Einträgen (Akkumulation im Oberboden, Abnahme mit der Tiefe), fluviatilen Einträgen (Flußauen mit industriellen Einzugsgebieten) oder Klärschlamm- und Mineraldüngerapplikation (Schwerpunkt Landwirtschaft und Gartenbau) erklären. Wesentlicher scheinen hier Beimengungen potentiell belasteter Substrate im Rahmen von Bodenumlagerungen und -aufträgen bzw. durch den Einsatz als Baustoff (z.B. Deck- und Tragschichten wassergebundener Flächen, Gleisbau) zu sein.

Mittlerweile liegen über das Belastungspotential technogener Substrate in Böden (Metalle, PAK, PCB) zahlreiche Erhebungen vor. Im Hinblick auf das Gefährdungspotential der technogenen Substrate sind im folgenden den einzelnen Substraten bestimmte Gefährdungsklassen zugewiesen. Zur Abgrenzung der Klassen wurde auf die praxisorientierten, heute bei Gefährdungsabschätzungen in Deutschland sehr häufig angewendeten Werte für sensible Nutzungen der Liste nach Eikmann u. Kloke (1993) zurückgegriffen. Als gering (Stufe 2) wurden dabei diejenigen Werte eingestuft, die unterhalb der Bodenwerte BW II liegen und den Vorgaben von Eikmann u. Kloke (1993) entsprechend keinen Handlungsbedarf erfordern. Als hoch (Stufe 4) wurden Werte festgelegt, die den Bodenwert

BW III überschreiten und damit akuten Handlungs- und Sanierungsbedarf erfordern. Stufe 3 deckt Werte zwischen BW II und III ab. Bei den Stufen 1 (sehr gering) und 5 (sehr hoch) wurde bei der Klassierung mit dem Wert 10 dividiert bzw. multipliziert. Die entsprechenden Schadstoffwerte der einzelnen Klassen sind der Tabelle 3.5 zu entnehmen. Die Ergebnisse der Bewertung sind in Tabelle 3.6 dargestellt:

- Die Bauschuttkomponenten *Ziegel und Mörtel* stellen nur ein geringes Gefährdungspotential dar. *Bauschuttgemenge*, die aus zahlreichen Einzelkomponenten bestehen können, weisen von allen technogenen Substraten die größten Amplituden (max. Stufe 1-4) auf. Beim *Straßenaufbruch auf Teerbasis* ergeben die Benzo(a)pyrenwerte ein hohes bis sehr hohes Gefährdungspotential.

- *Hochofenstückeschlacken und Hüttensand* sind als unbelastete Substrate zu klassifizieren; diese Schlackentypen heben sich deutlich von den Stahlwerks- und v.a. Metallhüttenschlacken ab. Die *Stahlwerkschlacken* sind hinsichtlich Cr in Stufe 3-5 einzuordnen. Hohe bis sehr hohe Gehaltsstufen weisen alle *Metallhüttenschlacken* auf; mit Ausnahme von Hg erreichen die Metalle häufig die Stufen hoch oder sehr hoch. Organische Schadstoffe stellen kein Gefährdungspotential dar.

- Die *Rostaschen der Kohlekraftwerke* (Stein- und Braunkohlenbasis) sind den Stufen sehr gering bis mittel zuzuordnen. Die *MV-Rohaschen* unterscheiden sich deutlich von den Kohlekraftwerkrostaschen; sie erreichen sogar bei Ni, Pb und Zn Stufe 3-4, bei Cu Stufe 4-5. Noch höhere Gehalte sind den Flugaschen, insbesondere den MV-Flugaschen zuzuweisen.

- *Haldenberge, Kohle und Koks* weisen bei vielen Schadstoffen die Stufen sehr gering bis gering auf; Auffälligkeiten liegen lediglich bei der *Gebrannten Berge* mit erhöhten As-Gehalten vor.

Schlämme sind in dem Klassierungsschema nicht aufgeführt. *Klärschlämme* werden im urban-industriellen Verdichtungsraum vornehmlich auf gärtnerisch, gartenbaulich oder landwirtschaftlich genutzten Flächen aufgebracht. Sie sind analytisch bei einer diskontinuierlichen Anwendung nur schwer faßbar, da sie schnell in den Bodenkörper einsickern und der Boden bearbeitet wird. Analytisch nachweisbar sind sie im Boden eher über den höheren Trophiezustand der Böden (v.a. durch Phosphat) als über einen erhöhten Schadstoffstatus. Deutschlandweite Erhebungen zeigen, daß man bei einer großen Streuung der Schadstoffeinzelwerte von einem hohen Niveau an Cd, Cu, Hg und Zn ausgehen kann (Blume 1992).

Damit unterscheiden sich im urbanen Raum klärschlammbehandelte Flächen von denjenigen Flächen, die über einen langen Zeitraum intensiv mit Abwasserschlämmen beschickt wurden (Rieselfelder). Die Untersuchungen von Rieselfeldern in Berlin ergaben eine deutliche Akkumulation von Schwermetallen, aber auch von N, P und C im Oberboden (Salt 1988). Den Untersuchungen von Felix-Henningsen et al. (1993) zufolge kam es auf den Rieselfeldern von Münster nach ca. 75jähriger Anwendung auch zu einer Oberbodenakkumulation der Polycyclischen Aromatischen Kohlenwasserstoffe.
Problematisch sind auch *Baggerschlämme* industriegeprägter Flußläufe; die Ruhraue ist beispielsweise infolge jahrhundertelanger industrieller Nutzung er-

heblich mit Schwermetallen kontaminiert (Meuser et al. 1995). Baggerschlämme enthalten auch ein erhöhtes Potential an Polycyclischen Aromatischen Kohlenwasserstoffen. Eine Anreicherung dieser Stoffgruppe wurde in den Flußsedimenten von Neckar, Rhein und Donau beobachtet.

Tabelle 3.5. Klassierung des Gefährdungspotentials von Metallen, Benzo(a)pyren und Polychlorierten Biphenylen (Σ PCB); [mg/kg]

Klasse	Sehr gering	Gering	Mittel	Hoch	Sehr hoch
Stufe	1	2	3	4	5
EIKMANN-KLOKE-Werte (1993)	NN-BWIIx10^{-1}	BWIIx10^{-1}-BWII	BWII-BWIII	BWIII-BWIIIx10	>BWIIIx10
Arsen	2	20	50		500
Cadmium	0,2	2	10		100
Chrom	5	50	250		2.500
Kupfer	5	50	250		2.500
Quecksilber	<0,1	0,5	10		100
Nickel	4	40	200		2.000
Blei	20	200	1.000		10.000
Zink	30	300	2.000		20.000
Benzo(a)pyren	0,1	1	5		50
Σ PCB	<0,1	0,2	1		10

Tabelle 3.6. Zuordnung der einzelnen technogenen Substrate zu den Gefährdungsklassen 1-5 nach Tabelle 3.5 (1 = sehr gering, 2 = gering, 3 = mittel, 4 = hoch, 5 = sehr hoch)

Substrat	As	Cd	Cr	Cu	Hg	Ni	Pb	Zn	BaP	Σ PCB
Bauschutt										
Ziegel	2-3	2-3	2-3	2-3	1-2	2	1-2	1-2	1-2	2-3
Mörtel	2-3	1	2	2	1	2	1-2	2-3	1	1
Gemenge (Ziegel, Mörtel, Beton)	1-4	1-3	1-4	2-3	1-3	2-3	1-4	2-4	1-4	1-3
Straßenaufbruch	2-3	2	2-3	2	2	3	2	2	4-5	1-2
Schlacken										
Hochofenstücke-schlacke	1-2	1	1-2	1-2	1	•	1-2	1	1-2	1
	1-2	1-2	2	2	1	2	1-2	1-2	1	1
Hüttensand	1-3	1-2	3-5	2-3	2	2-3	1-2	2-3	1-2	1
Stahlwerkschlacke (SM-, LD-Schlacke)	1	1	5	2	1	3-4	1	1-2	•	•
Stahlwerkschlacke (Elektroofenschlacke)	2-4	4	2-3	3-4	3	2-3	3-4	4-5	1-3	•
Zinkoxidschlacke	4	2-4	4-5	4-5	1	4	4	2-4	1	•
Wälzofenschlacke	5	3-4	4-5	4-5	1	3-4	5	5	•	•
Bleischachtofenschlacke	4-5	3-4	3-4	5	1	4-5	4	5	•	•
Kupferschlacke										
Aschen										
Rostasche (Steinkohle, 1.200-1.500 °C)	2-3	1-2	2-3	3	1-2	2-3	1-2	1-2	1-2	1-2
Rostasche (Steinkohle, 1.400-1.700 °C)[a]	2	1-2	1-3	2-3	1-3	3	1-2	2	1	1
Rostasche (Braunkohle, < 1.400 °C)	•	1-2	2	2	•	2	1	1	•	•
MV - Rohasche	2-5	2-4	2-4	4-5	3	3-4	3-4	3-4	•	•
Flugasche (Steinkohle-kraftwerk)	3-5	2-4	2-3	3-4	2	3-4	2-4	2-3	•	•
Flugasche (Braunkohle-kraftwerk)	2	2-4	2-3	3	1	2	1-2	1-2	•	•
Flugasche (MVA)	2-4	5	3-5	4	3	3-4	4	4-5	•	•
Bergematerial[b] und Kohle (produkte)										
Haldenberge (Schacht-, Waschberge)	2	1-2	2	2-3	1-2	2-3	1-2	2-3	1-2	•
Gebrannte Berge	2-4	1-2	2-3	2	1-2	2-3	1-3	2	1-2	1-2
Stein- und Braunkohle	2	1-2	2-3	2	1-3	1-2	1-3	1-3	1- 2	1
Koks (Stein- und Braun-kohle)	1-2	1-3	2	2	1	2	1-2	1-2	1	•

•	Unzureichende Datenbasis.
a	Syn. Schmelzkammergranulat.
b	Steinkohlenbergbau.

3.6
pH-Werte technogener Substrate

Mit Ausnahme des Ziegels liegen die pH-Werte der *Bauschuttkomponenten* meist zwischen 8,2 und 8,6. Solange die Bauschuttbeimengungen im Boden nicht ausschließlich als Ziegel vorliegen, führen diese zu einer (schwachen) Alkalisierung im Boden. *Schlacken* tragen stärker zu einer Alkalisierung des Bodens bei als Bauschutt. Die pH-Werte der Eisenhüttenschlacken liegen > pH 9, Maximalwerte bis nahezu 12 sind möglich. Metallhüttenschlacken liegen im Mittel bei pH 9,0. Hinsichtlich der pH-Werte verhalten sich die *Aschen* unterschiedlich. Alle Rostaschen kohlebefeuerter Anlagen weisen pH-Werte im neutralen (Schwankung pH 6-8) Bereich auf. Sie würden damit nicht im Boden alkalisch wirken, wenn das natürliche Ausgangsgestein bereits pH-Werte dieser Größenordnung aufweist. Bei den Flugaschen der Steinkohlekraftwerke und den MV-Aschen kann häufig von zweistelligen Werten ausgegangen werden. Die pH-Wert-Dynamik der Bergehalden findet sich in Stadtböden, die *Bergematerial* als Beimengung aufweisen, in dieser Form nicht wieder. Untersuchungen auf Bergehalden ergaben, daß die frisch geschüttete Berge zunächst neutrale pH-Werte aufweist, dann aber infolge Pyritverwitterung und -oxidation zunehmend bis auf < pH 3,0 versauert (Kerth 1988). Bodenhorizonte aus Bergematerial in Stadtböden weisen jedoch Mittelwerte von pH 5,6-7,5 auf. Die ausgeprägte pH-Dynamik reiner Bergehalden kann somit nicht auf die Böden der Verdichtungsräume übertragen werden. Die pH-Werte der meisten *Schlämme* liegen im schwach sauren bis neutralen Bereich. Stark alkalische pH-Werte finden sich nur bei mit Kalkmilch konditionierten Faulschlämmen.

3.7
Elektrische Leitfähigkeit technogener Substrate

Die Messung der Elektrischen Leitfähigkeit (EC) kann Aufschluß darüber geben, inwieweit technogene Substrate zu einer Salzanreicherung im Boden beitragen. Diese Frage erlangt v.a. im Zusammenhang mit den Auswirkungen der Bodenversalzung auf die Vegetation Bedeutung. Außer der auf Streusalze zurückzuführenden Versalzung können im urban-industriellen Bereich zusätzliche Probleme durch technogene Substrate auftreten. Gerade im Freiflächenbereich mit einer hohen Artenzahl nicht salztoleranter Gehölze sind Vitalitätsschäden bei Erreichen phytotoxischer EC-Werte denkbar. Bei anspruchsvollen Ziergehölzen kann bei EC-Werten der Bodenlösung von > 1,0 mS/cm mit Wachstumsbeeinträchtigungen und > 2,0 mS/cm mit Blattchlorosen gerechnet werden. Die Schadwirkung wird vom Ton- und Wassergehalt des Bodens beeinflußt, so daß die angegebenen Werte nur grobe Annäherungswerte darstellen.

Wie der Abb. 3.2 zu entnehmen ist, unterschreiten die meisten technogenen Substrate 1,0 mS/cm. Stark erhöhte EC-Werte in Bauschuttgemengen sind nur bei Anwesenheit von Gips zu erwarten. Die untersuchten Eisenhüttenschlacken liegen unter 0,5 mS/cm. Eine Ausnahme innerhalb der Schlacken stellt die beim Aluminiumumschmelzbetrieb anfallende Salzschlacke dar, die einen EC-Wert von 127 mS/cm erreichte. Die stückigen Aschen der Steinkohlekraftwerke erreichen ebenfalls insgesamt unbedenkliche Größenordnungen. Das Schmelzkammergranulat weist mit 0,02 mS/cm den niedrigsten EC-Wert aller untersuchten technogenen Substrate auf. Bei den Flugaschen der Steinkohlekraftwerke muß von erhöhten Leitfähigkeitswerten ausgegangen werden. Während eine Einzelanalyse einen Wert von 0,7 mS/cm erbrachte, gibt Merkel 1985 a Schwankungsbreiten von 1,07-3,99 an. Bei den Rost- und Flugaschen der Braunkohlekraftwerke werden von Machulla et al. 1995 EC-Werte zwischen 2,4 und 3,1 mS/cm angegeben. Die MV-Rohasche schwankt zwischen 0,6 und 2,2 mS/cm (eigene Messung: 1,4 mS/cm), die MV-Flugasche zwischen 10,5 und 20,2 mS/cm (eigene Messung: 24,5) (Merkel 1985 b). Böden, die einen hohen Anteil an Rostaschen der Braunkohlekraftwerke oder Müllverbrennungsanlagen bzw. an Flugaschen beliebiger Herkunft aufweisen, verfügen somit auch hinsichtlich der Versalzungsproblematik über ein erhebliches phytotoxisches Potential. Die EC-Werte des Bergematerials liegen unterhalb von 1,0 mS/cm. Stark erhöhte EC-Werte weist die Steinkohle auf; die Werte schwanken zwischen 0,9 und 6,0 mS/cm.

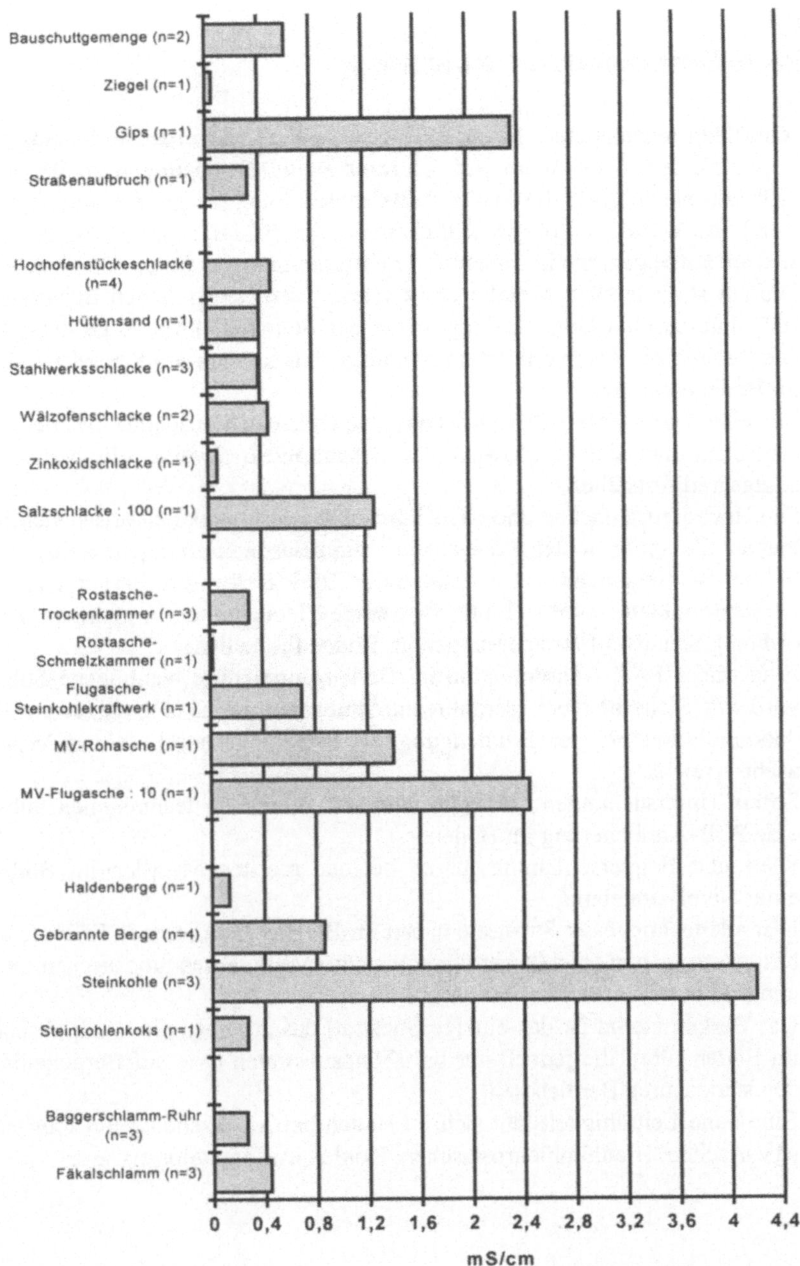

Abb. 3.2. Mittel- bzw. Einzelwerte der Elektrischen Leitfähigkeit (EC) [mS/cm] technogener Substrate (DEV-S4-Verfahren)

3.8
Zusammenfassende Bewertung

Die einzelnen technogenen Substrate weisen sehr unterschiedliche Schadstoffgehalte, pH-Werte und EC-Werte auf. Liegen sie als Beimengungen im Boden vor, beeinflussen sie folglich die in der Bodenmatrix analysierten Schadstoffgehalte, pH- und EC-Werte in unterschiedlichem Maße. Es lassen sich grundsätzliche Tendenzen aufzeigen, die in Tabelle 3.7 zusammenfassend dargestellt sind:

- Die am stärksten mit Metallen belasteten, festen technogenen Substrate, die Metallhüttenschlacken, die Flugaschen der Steinkohlekraftwerke und sämtliche Aschen der Müllverbrennungsanlagen, lassen stark erhöhte Metallgehalte im Boden erwarten.
- Für einige Elemente läßt sich jedoch auch für den Bauschutt, die Stahlwerkschlacken und die Flugaschen der Braunkohlekraftwerke ein hoher Belastungsgrad feststellen.
- Die Hochofenschlacken und das Schmelzkammergranulat erweisen sich in bezug auf alle untersuchten Schadstoffe als unbelastete technogene Substrate
- bei der Beimengung von Rostaschen der Kohlekraftwerke, Bergematerial und Kohleprodukten lassen sich nur für wenige Elemente und in geringer Größenordnung Schadstoffanreicherungen im Boden feststellen.
- Eine starke PAK-Akkumulation im Boden durch feste technogene Substrate wird mit Sicherheit bei teerhaltigem Straßenaufbruch, eine schwache PAK-Akkumulation bei der Beimengung von Siedlungsbauschutt und MV-Rohasche erreicht.
- Sofern Untersuchungen vorlagen, induziert keines der technogenen Substrate eine PCB-Anreicherung im Boden.
- Klär- und Baggerschlämme führen bei den meisten Metallen im Boden zu einer Niveauanhebung .
- Fast alle technogenen Substrate haben im Boden alkalisierende Effekte, wobei besonders mehrere Schlackentypen und die Müllverbrennungsaschen zu nennen sind.
- Das Bergematerial ist das einzige Substrat, das zu einer pH-Wert-Absenkung im Boden führt, die jedoch nur bei Monosubstraten (wie auf Bergehalden) in den stark sauren Bereich geht.
- Eine hohe Leitfähigkeit läßt sich im Boden bei Anwesenheit von Flugaschen, MV-Aschen, Brauhkohlenrostaschen, Kohlengrus und Gips erwarten.

Tabelle 3.7. Beeinflussung von Schadstoffpotential, pH-Wert, C-Gehalt und EC-Wert durch die Beimengung von technogenen Substraten in Böden

Schadstoffe:
O = keine Zunahme
+ = Konzentrationserhöhung möglich
X = deutliche Konzentrationserhöhung
N = keine ausreichende Datengrundlage vorhanden

pH-Wert:
(A)= schwache Alkalisierung
A = starke Alkalisierung
(V)= schwache Versauerung
V = starke Versauerung

EC-Wert:
O = keine Zunahme
(+) = schwache Zunahme
+ = starke Zunahme
N = keine ausreichende Datengrundlage vorhanden

	As	Cd	Cr	Cu	Hg	Ni	Pb	Zn	PAK	PCB	pH	EC
Bauschutt (Siedlungsbau) [a]	+	O	+	O	O	O	+	+	+	O	(A)	(+)
Bauschutt (Straßenaufbruch) [b]	O	O	O	O	O	+	O	O	X	O	(A)	O
Hochofenschlacken [c]	O	O	O	O	O	O	O	O	O	O	A	(+)
Stahlwerkschlacke [d]	O	O	X	O	O	+	O	O	O	O	A	(+)
Zinkoxidschlacke	+	X	O	X	+	O	X	X	O	N	(A)	O
Bleischachtofenschlacke	X	X	X	X	O	X	X	X	N	N	A	(+)
Kupferschlacke	X	X	X	X	O	X	X	X	N	N	A	(+)
Wälzofenschlacke	X	+	X	X	O	X	X	+	O	N	(A)	(+)
Rostasche (Steinkohle)	O	O	O	+	O	O	O	O	O	O	(A)	O
SKG (Steinkohle) [e]	O	O	O	O	O	+	O	O	O	O	(A)	O
MV-Rohasche	+	+	+	X	+	X	X	X	+	N	A	+
Flugasche (Steinkohle)	X	+	+	X	O	X	+	+	N	N	A	+
Flugasche (Braunkohle)	O	X	+	O	O	O	O	O	N	N	(A)	+
Flugasche (MVA)	+	X	X	X	+	X	X	X	N	N	A	+
Haldenberge	O	O	O	O	O	O	O	O	O	N	(V)	(+)
Gebrannte Berge	+	O	O	O	O	O	O	O	O	O	(V)	(+)
Koks / Brikett (Steinkohle)	O	O	O	O	O	O	O	O	O	O	(V)	+ [h]
Baggerschlamm [f]	O	X	+	X	O	X	+	X	+	N	(V)	O
Klärschlamm	N	+	+	X	+	+	O	+	O	O	(A) [g]	N

[a] Bestehend aus Ziegel, Mörtel und Beton.
[b] Bestehend aus Teerasphalt od. Bitumen-Teer-Mischung.
[c] Bestehend aus Hochofenstückeschlacke.
[d] Bestehend aus LD-, SM- od. Elektroofenschlacke, Hüttensand, Hüttenbims od. Hüttenwolle.
[e] Abk. Schmelzkammergranulat.   [f] Von Industrieflüssen, Hafenbecken.
[g] Nach der Konditionierung.   [h] Nur Kohle

4 Merkmale der Böden im urban-industriellen Verdichtungsraum Ruhrgebiet

Zur Beantwortung der Frage, welche typischen Bodenformen sich im Ruhrgebiet im Laufe der ca. 150jährigen uban-industriellen Überprägung auf Arealen mit für die Region charakteristischen Nutzungen entwickelt haben und wie sich diese von den naturnahen Standorten in Morphologie und Eigenschaften unterscheiden, mußte darauf geachtet werden, daß die zur weiteren Untersuchung ausgewählten urban-industriell veränderten Böden eine entsprechende Variation besitzen. Aus diesem Grund wurden zu 21 Stadtböden von Oberhausen, ein deren Entstehungsgeschichte in weiten Bereichen ähnliches Probenkollektiv in Essen ausgewählt. Zum anderen wurden auch noch Standorte und Umfeld der in der Vergangenheit dominierend das Revier prägenden Industrien aufgenommen, die, wie der Bergbau und die Kohleveredelung oder die Schwerindustrie, immer mehr vom wirtschaftlichen Niedergang betroffen sind. Dies ist auch vor dem Hintergrund zu sehen, daß in Zukunft viele der unter den vorgenannten Nutzungen stehenden Areale in das Stadium der „Industriebrache" übergleiten, und die Fragen nach den Bodeneigenschaften dieser Standorte nicht nur im Rahmen des Flächenrecyclings einer Klärung bedürfen.

Durch die Vielfalt der menschlichen Eingriffe und Veränderungen in die Böden des industriellen Verdichtungsraumes Ruhrgebiet ist auch die Variation der Profilzusammensetzung bzw. -ausprägung dieser Stadtböden zunächst verwirrend umfangreich und komplex. Diese Komplexität des Phänomens „Stadtboden" erfordert, daß eine größere Anzahl von typischen Profilen erfaßt und beschrieben wird, um eine Kategorisierung vornehmen zu können. Dabei muß darauf geachtet werden, daß die Spannbreite der im Gelände vorliegenden Merkmalsausprägungen möglichst treffend erfaßt wird, um nach den Untersuchungen zunächst die Katalogisierung verifizieren zu können und ebenfalls dem späteren Anwender (hier sind v.a. die Stadtplaner als Adressaten zu nennen) eine Grundlage zu geben, auf der er Standorte bzw. Areale ähnlicher Nutzungs- und Entstehungsstrukturen bereits im Vorfeld der Planungen hinsichtlich ihrer Potentiale und Risiken besser einschätzen kann.

Entsprechend dem vorgenannten wurden aus dem Ruhrgebiet verschiedene Böden aus Substrataufträgen sowie zum Vergleich naturnah verbliebene Profile (d.h. Böden ohne anthropogen aufgetragene Substratschichten) unter land- oder waldbaulicher Nutzung ausgewählt.

Aus dem Stadtbereich Essens wurden von Wald- (P1-P3), Gemüse- und Ackeranbauflächen (P4 und P5), Grün- und Gartenanlagen (P6, P7, P10-P12), einer Industriebrache (P34-P39), 16 Profile sowie im Flußauenbereich der Ruhr 2 Profile (P8 und P9) untersucht. Als Beispiel der Bodenvariabilität in der engen Verzahnung zwischen Produktions- (Montan- und Schwerindustrie mit Zuliefer- und Weiterbearbeitungsbetrieben), Wohngebiet und Verkehrsflächen wurden im Rahmen einer modellhaften Stadtbodenkartierung des Brücktorviertels (Oberhausen) 21 Profile (P13-P33) ausgewählt. Als typische Beispiele für eine Vielzahl gleichgearteter Zechenstandorte im Ruhrgebiet wurden auf Steinkohlenzechenbrachen in Gelsenkichen 4 Böden aus Substrataufträgen (P44-P47) sowie ein Profil in Herne-Sodingen (P48) beprobt. Zur Charakterisierung der bodenkundlichen Situation der im Ruhrgebiet weitverbreitet aufgeschütteten Steinkohlenbergematerialhalden wurde eine Bergehalde in Gelsenkirchen (P40), eine (Versuchs-)Bergehalde bei Waltrop (P41) sowie eine mit Natursubstrat überdeckte Bergehalde in Essen-Karnap (P42) in die Untersuchungen einbezogen. Auf dem Gelände eines stillgelegten Eisenhüttenwerkes in Duisburg wurde ein Auftragsboden aus Eisenhüttenschlacke (P52) und eine Hortisol-Braunerde (P51) beprobt sowie in 2 Profilen (P49 und P50) einer angrenzenden landwirtschaftlichen Ackerfläche die Auswirkungen von aus der ehemaligen Eisenhütte stammenden Immissionen untersucht. Fünf Böden aus Substrataufträgen (P53-P58) wurden auf einem ehemaligen Verschiebebahnhof bei Duisburg beprobt. Diese Bodenprofile können als typisches Beispiel für Böden aus anthropogenem Substratauftrag auf großflächigen Eisenbahnanlagen angesehen werden. Darüber hinaus wurden noch mehrere Proben von Monosubstraten (z.B. div. Aschen, Gießereisande, Bauschutt u.a.m.) analysiert. Die Probenentnahme erfolgte in den Jahren 1991-1996. Die räumliche Lage der im urban-industriell verdichteten Siedlungsraum des Ruhrgebiets entnommenen Boden- und Substratproben ist in Abbildung 4.1 eingezeichnet. Hierzu notwendige und darüber hinausgehende Kartierungen im Gelände und nachfolgend durchgeführte Untersuchungen haben gezeigt, daß urban-industriell veränderte Böden sich deutlich in Stoffbestand sowie Trophie- und Schadstoffstatus von naturnah verbliebenen Böden mit landwirtschaftlicher oder forstwirtschaftlicher Nutzung unterscheiden. Meist sind gegenüber den naturnah verbliebenen Böden durch die Art der Ablagerung und Zusammensetzung des Substrates bereits visuell gravierende Unterschiede wahrzunehmen (vgl. Kap. 3).

Da ein Großteil der in den Kap. 4-4.8 sowie 6 beschriebenen Profile nach einer vorangegangenen stadtbodenkundlichen Geländekartierung als typische Standorte ausgewählt wurde, ist davon auszugehen, daß die hier dargestellten Ausführungen auch auf andere urban-industrielle, insbesondere montan-industrielle Regionen übertragen werden können.

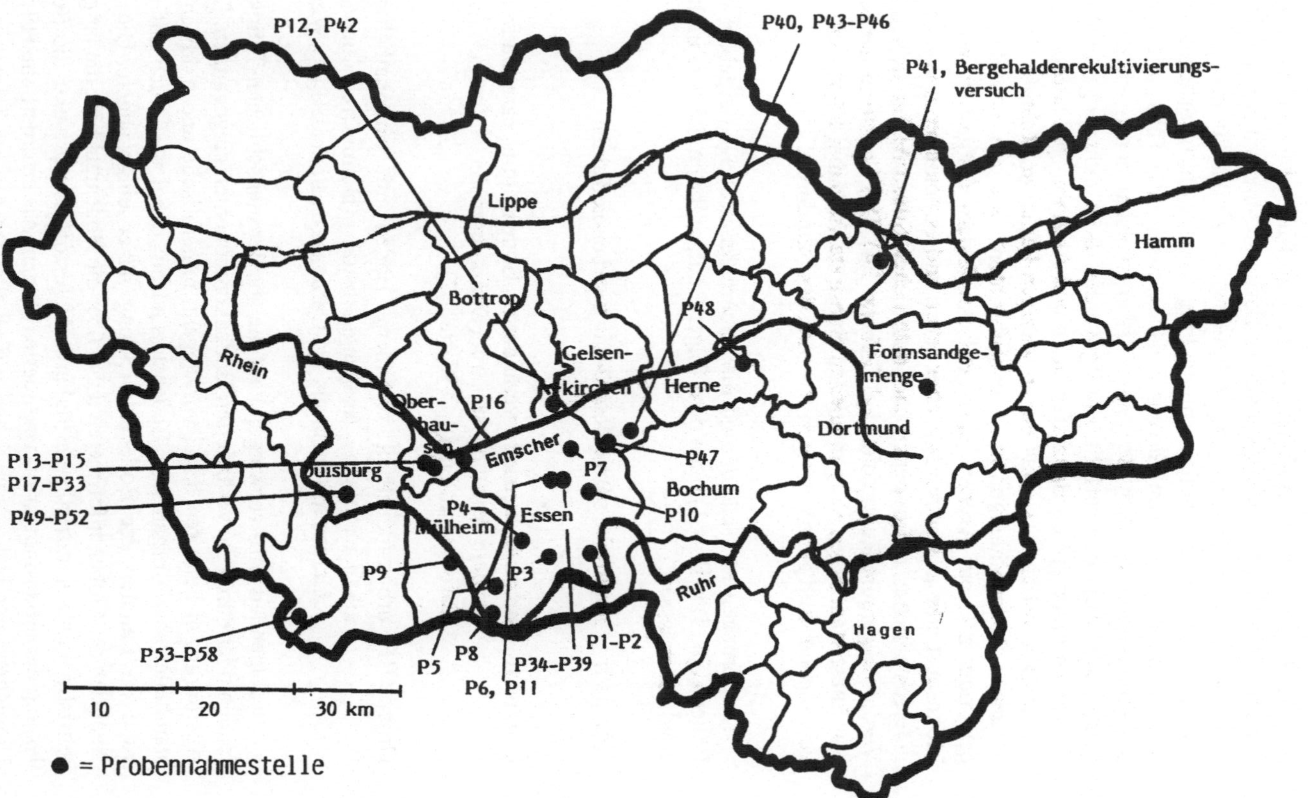

Abb. 4.1. Räumliche Verteilung der im Ruhrgebiet zur Untersuchung ausgewählten Profile

Ursprünglich lief die Bodenentwicklung im Ruhrgebiet vorwiegend in umgelagertem Löß, Sandlöß, kiesig-sandigen Lockersedimenten des Rheins, der Ruhr und Emscher sowie in Flug- und Schmelzwassersanden ab. Im Gefolge der bergbau- und schwerindustriellen Entwicklung wurden die natürlichen Bodendecken oft abgegraben oder, ebenfalls wie Geländesenken oder Täler, mit Reststoffen aus der Produktion oder dem Bergbau (z.T. mit verschiedenen Natursubstraten vermengt) überdeckt und verfüllt. Häufig wurden diese anthropogenen Ablagerungen wieder im Rahmen von Baumaßnahmen und Abgrabungen aufgenommen und an andere Orte verlagert, so daß nur in wenigen Fällen im Rahmen der Geländekartierungen Bodenbildungen in „Monosubstraten" wie z.B. den Bergematerialhalden, oder z.T. auf Aschen- und Schlackenfeldern festgestellt werden konnten. Monosubstratablagerungen sind eher selten und es dominieren vielmehr Gemenge unterschiedlicher technogener und natürlicher Substrate im urban-industriellen Verdichtungsraum Ruhrgebiet (vgl. Tabelle 3.4). Das Spektrum der in den Böden aus Substrataufträgen vorgefundenen Substrate ist dabei häufig ein Spiegel der vergangenen und gegenwärtigen Nutzung des Standortes.

Kartierungen im Gelände und die Laboruntersuchungen ergeben, daß sich die Böden (vgl. Tabelle 4.1) nach dem folgend aufgeführten Schema in drei Gruppen eingliedern lassen:

Gruppe I: naturnahe sowie tiefgründig bearbeitete Böden

Gruppe II: urban-industriell veränderte Böden mit carbonatfreiem oder -armem Ausgangssubstrat (Dominieren der Auftragsschichten ohne Carbonat und pH_{CaCl2}-Werte < 7)

Gruppe III: urban-industriell veränderte Böden mit carbonathaltigem bzw. alkalisierendem Ausgangssubstrat (Dominieren der Auftragsschichten mit mehr als 1% Carbonat und/oder pH_{CaCl2}-Wert > 7)

Im folgenden wird vorwiegend auf die aus der menschlichen Tätigkeit resultierenden oder durch sie veränderten Bodenkomponenten eingegangen. Die weiteren Ausführungen betreffen dabei vorwiegend mineralische und oxidische Bodenbestandteile sowie organische Bodensubstanzen; dabei wird auch auf deren Relevanz im Rahmen der Bodenentwicklung näher eingegangen. Die chemischen Analysen der Proben informieren dabei über die Bodenreaktion, die langfristig, mittelfristig sowie kurzfristig verfügbaren Nährstoffreserven und die Schadstoffbelastung der urban-industriell veränderten Böden. Als erforderliche Hilfsgröße zum Umrechnen der Nähr- und Schadstoffgehalte der Auftragsschichten bzw. Mineralbodenhorizonte wurde die *Feinerderaummasse* (= 1 g Feinerde-TS/cm³, d.h. Anteil des vorhandenen, 105 °C trockenen Feinboden mit einer Korngröße $\leq$ 2 mm Durchmesser pro Volumeneinheit) ermittelt.

Tabelle 4.1. Übersicht zur Eingruppierung der untersuchten Bodenprofile

Grp. I	Naturnahe sowie tiefgründig bearbeitete Böden	Grp. II	Urban-industriell veränderte Böden mit carbonatfreiem oder -armem Ausgangssubstrat	Grp. III	Urban-industriell veränderte Böden mit carbonathaltigem bzw. alkalisierendem Ausgangssubstrat
P1	Podsolierte Pseudogley-Braunerde (p3SS-BB: p-ö)	P19	Gley-Regosol (GG-RQ: o-(Ya+Yb)s/f-(k)s//f-sk)	P10	Pseudogley-Hortisol (SS-YO: o-l/o-u)
P2	Podsolierte Pseudogley-Braunerde (p3SS-BB: p-ö//^ms)	P20	Regosol (RQ: o-(k)s/o-Y^kos//f-s)	P11	Pararendzina (RZ: o-(Yb)u/o-Yb)
P3	Podsolierte Pseudogley-Braunerde (p3SS-BB: p-ö//^ms)	P21	Regosol (RQ: o-(Y^ko)s/-Y^kos)	P12	Pseudovergleyte Pararendzina (sRZ: o-(Yb+Ya)s//o-(Yb)s)
P4	Pseudogley-Braunerde (SS-BB: p-ö)	P22	Regosol (RQ: o-(Ys)sx\o-Ys//o-Y^ko)	P25	Regosol (RQ: o-(Ya+Yb+Y^ko)cs/f-lk)
P5	Braunerde (BB: p-ö)	P23	Regosol (RQ: o-(Yb+Ya)xs/f-ks)	P26	Regosol (RQ: o-(k)s/o-(Yb+Ya)s)
P6	Parabraunerde (LL: p-ö)	P24	Esch (EE: o-(Yb)s//f-(k)s)	P27	Regosol (RQ: o-(Ybz+Ya)Y^kos)
P7	Hortisol (YO: p-ö)	P34	Regosol (RQ: o-(Yb+Ya)s/o-(Yb)u//a-ö)	P28	Skeletthumusboden (Fsn: o-(Ys)-sk/o-(Yb+Ys)sk)
P8	Auengley (GGa: f-u)	P40	Regosol (RQ: o-Y^kou)	P29	Pseudogley (SS: o-(Yb+Y^ko)s//o-Yb+Ykos)
P9	Braunauenboden (AB: f-l)	P41	Regosol (RQ: o-Y^kos)	P30	Regosol (RQ: o-sYa+Ys+Y^ko)
P13	Braunerde (BB: f-(Ya+Ys)s/f-(k)s)	P42	Regosol (RQ: o-(Yb)s/o-lY^ko)	P31	Pararendzina (RZ: o₇(Yü+Ya)cs/(Yb)cs//ff-s)
P14	Braunerde-Podsol (BB-PP: a-(Ya+Yb)s/a-s)	P44	Braunerde (BE: o-Yau/o-Ya+Yüu/o-lYa)	P32	Pararendzina (RZ: o-cYa+Y^ko+Ybks/o-Yü//fos)
P15	Braunerde (BB: o-(Ya+Ys+Yb)s\f-(k)s//f-sk)	P47	Regosol (RQ: o-xYa)	P33	Braunerde-Regosol (BB-RQ: Ys\sYs/sY^ko//Y^ko)

Tabelle 4.1 Fortsetzung

Grp. I	Naturnahe sowie tiefgründig bearbeitete Böden	Grp. II	Urban-industriell veränderte Böden mit carbonatfreiem oder -armem Ausgangssubstrat	Grp. III	Urban-industriell veränderte Böden mit carbonathaltigem bzw. alkalisierendem Ausgangssubstrat
P16	Gley-Braunerde (GG-BB: f-(Ya+Yb)l/f-l)	P48	Regosol (RQ: o-Ys+Yasx\o-lxYs+Yi/a-Yitö)	P35	Lockersyrosem (OL: o-Y^ko/o-(Y^ko+Ybz)cl//o-xsYa)
P17	Hortisol (YO: f-(Ya+Yb+k)l/f-(k)l)	P54	Regosol (RQ: o-Yasx\o-Ya+kxs)	P36	Pararendzina (RZ: o-ncs\ o-Y^ko/o-csYb+Ya//a-ö)
P18	Hortisol (YO: a-(Ys+Yb)s/f-(k)l)	P55	Lockersyrosem (OL: o-Ya+Y^ko\o-(Ya)sxY+B//o-ks)	P37	Pararendzina (RZ: o-sY^k/o-Yb+Yas//o-Yb)
P43	Braunerde-Pseudogley (BB-SS: a-ö)	P56	Regosol (OL: o-Y+B\o-(Ya)sxY+B/o-sk)	P38	Pararendzina (RZ: o-(Ya+Y^k)cxs\o-Y^k/o-Yb+Yacxl)
P49	Braunauenboden AB: f-(k)s/f-s			P39	Regosol (RQ: o-Ya+Ynl/a-ö)
P50	Braunauenboden (AB: fo-(k)s/f-sk)			P45	Pararendzina (RZ: o-(Ya+Y^ko)cs\os-Yi//a-Yiö)
P51	Hortisol-Braunerde (YO-BE: f-s/f-u)			P46	Pseudogley-Braunerde (SS-BE: o-Yau/o-Ya+Ybxu)
P53	Kalkhaltige Braunerde (BBc: f-l/f-s)			P52	Syrosem (OO: Ys)
				P57	Pseudogley (SS: o-(Ya)Y+Bsx/o-ks)
				P58	Regosol (RQ: o-Y+B\o-(Ya)Y+Bxs//o-sk)

Die jeweiligen Bodentypenbezeichnungen in Klammern entsprechen der bodenkundlichen Systematik gemäß Bodenkundlicher Kartieranleitung KA4 (AG Bodenkunde 1994)

Die Berechnung der Feinerderaummasse erfolgte entsprechend (1):

1 g Feinerde-TS/cm³ = d_B (g/cm³) - [(d_B (g/cm³)/100) • Gew.-% Skelettanteil]   (1)

    (d_B = Raumgewicht,
    d.h. Masse der Festsubstanz pro Volumeneinheit [g/cm³])

Als vergleichbare Basis der Nähr- und Schadstoffmengen in den Profilen, sollten die jeweiligen Elementgehalte auf die Feinerderaummasse bezogen und auf die Schicht- bzw. Horizontmächtigkeit eines Pedons mit einer Oberfläche von 1 m² entsprechend (2) berechnet werden:

Elementgehalt der Feinerderaummasse (1 g Element pro Schicht und 1 m²) =

$$\frac{\text{g Feinerde-TS/cm}^3 \cdot \text{ mg Element/kg} \cdot \text{Schicht-/Horizontmächtigkeit in cm} \cdot 10.000 \text{ cm}^2}{1.000 \cdot 1.000} \quad (2)$$

In nachfolgenden Tabellen sind deshalb zumeist die Gehalte für die Bereiche 0-3 dm (Flachwurzelzone für Garten- und Grünlandnutzpflanzen bzw. häufige Krumentiefe im Ackerbau) sowie 0-10 dm (Hauptwurzelraum für krautige Pflanzen sowie Buschwerk) angegeben. Wenn keine gemessenen oder im Feld abgeschätzten Werte zu Raumgewicht und Skelettanteil vorliegen, kann mit einer mittleren d_B von 1,5 g/cm³ und 100% Feinerde gerechnet werden. Dies trifft insbesondere für die in öffentlichen Regelwerken niedergelegten Richt- und/oder Grenzwerte (z.B. Klärschlammverordnung, Richtwerte für die Düngung nach Bodenuntersuchungsergebnissen der Landwirtschaftskammern u.a.m.) zu, welche i.d.R. nur einen Massenbezug und keinen Volumenbezug aufweisen.

4.1
Organische Bodensubstanz

Die organische Bodensubstanz, und davon insbesondere der Humusgehalt, ist in den natürlichen und urban-industriell veränderten Böden aus Substrataufträgen bedeutungsvoll als langsamfließende Nährstoffquelle für Pflanzen, als Adsorbent für Nähr- und Schadstoffe, für die Ausbildung und Stabilität von Aggregatgefügen auf lehmigen und tonigen Böden und für die Luft- sowie Wasserhaltekapazität.

Die organische Bodensubstanz in Böden aus Substrataufträgen des Ruhrgebiets unterscheidet sich in starkem Maße von jener der natürlichen Standorte des ländlichen Raums. Ursache hierfür ist eine z.T. massive Beimengung kohlenstoffhaltiger Substrate (vorwiegend Steinkohle, Koks, Ruß, Bergematerial, Aschen, Stäube, Schlämme) aus dem Bergbau, der Schwerindustrie und dem Hausbrand. Charakteristisch für die massiv anthropogen veränderten Böden im Ruhrgebiet ist deshalb, daß der Kohlenstoffgesamtgehalt in den aus technogenem Substrat bestehenden oder damit durchmengten Auftragsschichten (vorwiegend Böden der Gruppe II und III) — verglichen mit den Böden der Gruppe I ohne technogene Substratbeimengungen — in der Regel auf einem wesentlich höheren Niveau liegt. Außerdem verhält sich der C-Tiefengradient in Profilen mit technogenen Substraten häufig extrem stark schwankend. Die höchsten C-Gehalte zeigen dabei jeweils Schichten, welche Aschen oder Kohle und Koks bzw. Bergematerial als Bestandteile der Bodenmatrix besitzen.

Bei der Arbeit im Feld läßt sich der Humusgehalt in natürlichen Mineralböden grob aus der Bodenart und der Farbe ableiten (Blume u. Helsper 1987). Bei den Kartierarbeiten in den Böden aus Substrataufträgen des Ruhrgebietes ist diese Verfahrensweise nur selten praktikabel, da die Bodenartabschätzung durch kantige, grusige, technogene Kompartimente erschwert ist und die eigentliche Bodenfärbung über den Humus durch eine Vielzahl dunkelgrau- bis schwarz-gefärbter technogener Substrate überdeckt wird (vgl. Tabelle 4.2).

Auch die Abgrenzung der rezenten organischen Substanz von den fossilen bzw. pyrolytisch veränderten Kohlenstoffverbindungen mit Hilfe der Laboranalytik ist noch nicht zufriedenstellend gelöst. Neben dem Humus-C wird ebenfalls noch der Kohlenstoff aus fossilen, inkohlten organischen Substanzen sowie Koks und Holzkohle erfaßt.

Tabelle 4.2. Zusammenstellung der feldfeuchten MUNSELL-Farben typischer, natürlicher und technogener Substrate in Böden aus Substrataufträgen des Ruhrgebietes

Stark humoser, sandiger Lehm (Hortisol)	7,5 YR 1,7/1
Rußhaltiger lehmiger Sand	7,5 YR 1,7/1
Flugasche (Reinsubstrat)	7,5 YR 1,7/1
Steinkohle	N 1,5/0
Koks	N 2/0
Steinkohlenbergematerial (angewittert)	10 YR 3/1
Mn-Erzstaub der Eisenhüttenindustrie	10 YR 1.7/1; 10 YR 2,1; 7,5 YR 2/1
Formsand der Eisenhüttenindustrie	10 GB 1,7/1
Ferromagnetische Immissionspartikel	5 PB 1,7/1

Der Fragenkomplex, ob und inwieweit eine nennenswerte biologische Mineralisierung der aus dem Karbon stammenden, fossilen organischen Substanzen — wie z.B. Laves et al. (1993) dies für fossile, tertiäre organische Substanzen in Kippenböden von Ostdeutschland beschrieben hat — bzw. der pyrolytisch transformierten Kohlenstoffverbindungen in den Böden des Ruhrgebietes stattfindet, ist noch nicht Gegenstand intensiver bodenkundlicher Forschungen gewesen. Aus diesem Grund gibt es erst wenige Arbeiten, die zur Klärung dieser Themenstellung beitragen können. Langzeitversuche von Beier (1973) ergaben, daß Steinkohle einer atmosphärisch-oxidativen sowie mikrobiologischen Umsetzung unterliegt, wobei unter optimalen Umweltbedingungen ca. 0,019 g C pro 100 g Kohle und Jahr freigesetzt wird. Inkubationsversuche mit Steinkohle als alleiniger Kohlenstoffquelle von Fakoussa (1981) zeigten später, daß an der mikrobiologischen Umsetzung der Steinkohle spezialisierte Mycelpilze, Hefen und Pseudomonasbakterien beteiligt sein können. Insbesondere ein Pseudomonas-fluorescens-Stamm zeigte ein gutes Wachstum in Steinkohlemedien.

4.2
Wurzelraum

Für die Eignung eines Standortes zur Ausbildung einer Vegetationsdecke ist der durchwurzelbare Bodenraum ein wichtiger Parameter, wobei die tatsächliche Durchwurzelungstiefe in starkem Maße vom jeweiligen Pflanzenbestand abhängt.

Bei den Böden der Gruppe I ist die Bodenentwicklung vorwiegend in den standorttypischen natürlichen Ausgangssubstraten weiter fortgeschritten. Für das südliche Ruhrgebiet sind schluffige Lehmböden aus meist umgelagertem Löß verbreitet und die Bodentypen Parabraunerden, z.T. Pseudogley-Parabraunerden oder Braunerden typisch. Aufgrund der in der Regel nur schwachen bis mäßigen Skeletthaltigkeit im obersten Meter in Verbindung mit einer lehmigen Bodenart stellen die terrestrischen Böden einen in der Regel tiefgründig durchwurzelbaren Standort dar. In erodierten Oberhängen unter landwirtschaftlicher oder forstwirtschaftlicher Nutzung stehender Flächen kann die Durchwurzelbarkeit auf z.T. weniger als 25 cm durch anstehende Karbongesteinsschichten beschränkt sein.

Die Böden, welche sich in den Auenbereichen von Bächen sowie von Ruhr, Emscher, Lippe und Rhein befinden, weisen aufgrund des Ausgangssubstrats keine Begrenzung innerhalb des ersten Meters auf. Hier wirkt v.a. das mit dem Bach- bzw. Flußwasserspiegel in der Aue in Kommunikation stehende Grundwasser als limitierender Faktor auf die Gründigkeit und die Durchwurzelung des Profils. Im Rahmen umfangreicher Profiluntersuchungen wurde in z.B. 19 (terrestrischen) Profilen eine effektive Durchwurzelung von 2 bis > 10 dm festgestellt, wobei erwartungsgemäß mittel- bis tiefgründig durchwurzelte Standorte dominieren (Abb. 4.2).

Auch in den unter der Gruppe II aggregierten Böden ist der durchwurzelte Raum nur in 3 von 15 Standorten als flach- bis sehr flachgründig einzustufen. Wenngleich die Profilaufnahme und -verteilung nicht nach statistischen Gesichtspunkten, sondern mehr unter dem subjektiv geprägten Aspekt der Erfassung für das Ruhrgebiet typischer Standorte erfolgte, so ist auch, gestützt auf die Kartierergebnisse, anzunehmen, daß die weitaus überwiegende Anzahl von Standorten mit carbonatarmen bis -freien Substrat- und Bodenschichtaufträgen eine zumindest mittlere Durchwurzelungstiefe erlaubt. Im Vergleich zu den Auftragsböden, welche Schichten mit carbonathaltigem bzw. alkalisierendem Ausgangssubstrat (vorwiegend technogenen Ursprungs) in größeren Mengen enthalten (Böden der

Gruppe III), besitzen die anthropogen veränderten Schichten der zur Gruppe II gehörigen Profile häufig höhere Skelettanteile.

Das Bodenskelett besitzt auch eine andere Qualität, was zumeist darauf zurückzuführen ist, daß in den Schichten mit um- und abgelagerten carbonatarmen bis -freien Substraten in großem Umfang bereits natürliches, verwittertes, skelettreicheres Bodenmaterial (häufig Kiese oder Gerölle) vorliegt. In dieses können Substrate aus technogenen Prozessen (Schlacken und Aschen) oder Abrißarbeiten (Bauschutt) eingemengt sein. Es finden sich in der Skelettfraktion der in Gruppe II zusammengefaßten Böden auch für das Ruhrgebiet typische Substrate wie vergrustes Bergematerial, Aschen aus Kohlenfeuerungsanlagen, in geringerem Umfang Bauschutt, selten Eisenhüttenschlacken. Vereinzelt treten aber auch noch Glas- und Porzellan-/Keramikbruchstücke, sehr stark korrodierte Eisenteile und, allenfalls im Bereich bis 15 cm Tiefe, noch sehr selten Hausmüll auf. In der Regel dominieren in der Fraktion > 2 mm Durchmesser der Böden aus Substrataufträgen von Gruppe II Terrassenkiese und -gerölle. Die häufig geübte Praxis, Böden aus Substrataufträgen mit einer mehr oder weniger mächtigen Lage aus Natursubstrat („Mutterboden") zu überdecken, kann auch gut an dem — verglichen zum Tiefenbereich 3-7 bzw. 7-10 dm — verringerten Skelettanteil der Oberbodenzone abgelesen werden.

In der Regel liegt auch das in der Gruppe III erfaßte, carbonathaltige bzw. alkalisierende Ausgangssubstrat zur Bodenbildung im industriellen Verdichtungsraum Ruhrgebiet als Lockermaterial vor, was eine mehr oder minder intensive Durchwurzelung ermöglicht. Ausnahmen davon sind Standorte, auf denen noch vor der Jahrhundertwende bis z.T. in die 60er Jahre erzeugte Eisenhüttenschlacken oder -sande zur Ablagerung kamen, bei denen durch das CO_2 der Luft und Wasser aus dem Regen Carbonatisierungsvorgänge bei gleichzeitiger Volumenvergrößerung abliefen, was zu einer weiteren Aggregation und Kompaktion der zuvor singulären Kompartimente führte. Punktuell entstanden am Ort der Ablagerung zum Teil massive Blöcke (z.B. Bahndämme). Auf Reststoffhalden der Eisenhüttenindustrie (z.B. der Knappenhalde in Oberhausen-Brücktorviertel) führt dieser Prozeß zu verhärteten (Zwischen-)Schichten. Aufgrund der ehemals steilen Haldenschüttwinkel bilden diese nun stark abschüssige Gleitflächen aus. Darüber abgelagerte Lockersubstrate oder Abdeckschichten aus Natursubstraten können durch das Wurzelwerk der Baum-, Kraut- und Grasschicht nicht stabilisiert werden. Durch Klüfte versickerndes Niederschlagswasser kann diese carbonatisierten Schichten unterspülen, was in fortgeschrittenerem Stadium zu einem blockigen Abbrechen dieser Schichten führt. Bei den carbonatisch verfestigten Bahndämmen aus Eisenhüttenschlacken ist mittlerweile eine Vergrusung der obersten ein bis zwei Zentimeter festzustellen, was wahrscheinlich Resultat der Carbonatlösung ist. Auch im innerstädtischen Raum wurden Eisenhüttenschlacken u.a. zur Befestigung von Plätzen eingesetzt, wobei z.T. die Verkittung der Schlacken untereinander durch hydraulisch wirkende Bindemittel (z.B. Zement) gefördert wurde (vgl. Kap. 3.4). Aufgrund der Carbonatgehalte schreitet die Bodenbildung und dadurch auch die Entwicklung eines potentiellen Wurzelraumes auf derartigen

Standorten — in Analogie zu Standorten auf kalk- oder dolomithaltigem Gestein — nur sehr langsam voran. Aber es kann die Ausbildung flächiger Moospolster beobachtet werden, deren Rhizome in die obersten Millimeter eingedrungen sind.

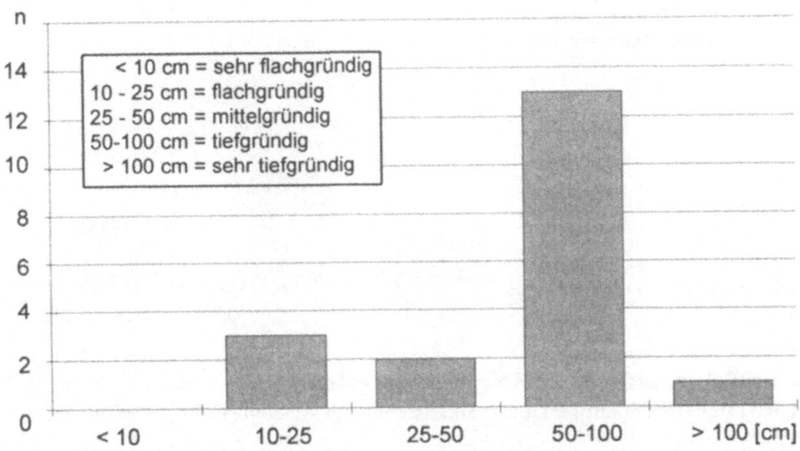

Abb. 4.2. Häufigkeitsdiagramm der Durchwurzelungstiefe von 19 naturnahen, allenfalls nur sehr geringfügig urban-industriell veränderten Profilen der Gruppe I im Ruhrgebiet (ohne Auenprofile)

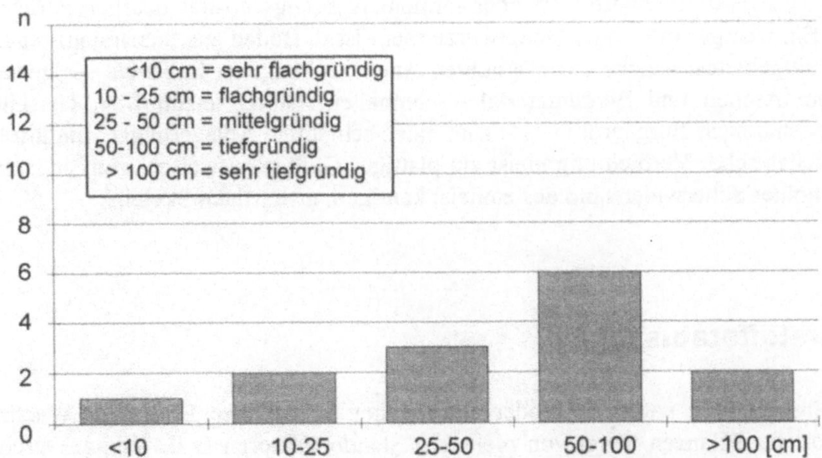

Abb. 4.3. Häufigkeitsdiagramm zur festgestellten Durchwurzelungstiefe von 15 urban-industriell veränderten Böden mit carbonatfreiem oder -armem Ausgangssubstrat (Gruppe II) im Ruhrgebiet

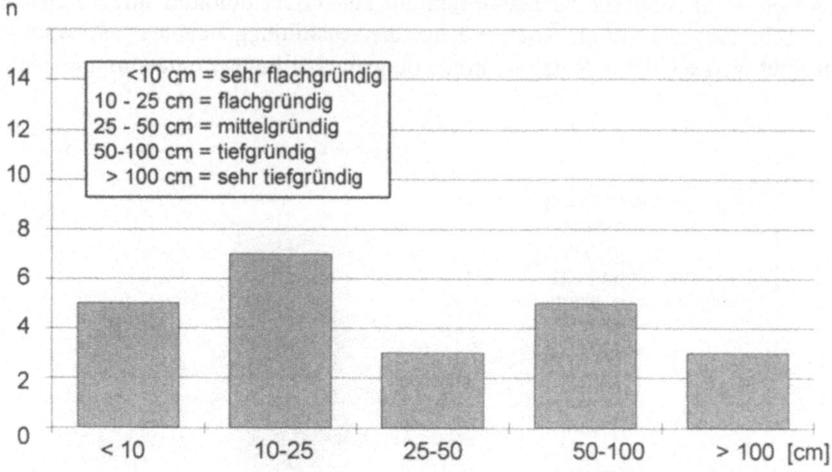

Abb. 4.4. Häufigkeitsdiagramm der Durchwurzelungstiefe von 22 urban-industriell veränderten Böden mit carbonathaltigem bzw. alkalisierendem Ausgangssubstrat (Gruppe III) im Ruhrgebiet

Den Häufigkeitsverteilungen (Abb. 4.2-4.4) ist ebenfalls zu entnehmen, daß auf den urban-industriell veränderten Böden, wo Auftragsschichten mit mehr als 1% Carbonat und/oder pH_{CaCl2}-Wert $\geq$ 7 im Profil dominieren, der Wurzelraum im Vergleich zu den nur gering veränderten Profilen oder den Böden aus Aufträgen mit vorwiegend carbonatfreiem oder -armem Ausgangssubstrat deutlich zurückgeht. Ein weniger mächtiger Hauptwurzelraum ist in Böden aus Substrataufträgen des Ruhrgebietes, welche einen erhöhten Anteil technogener Substrate — insbesondere Aschen und Bergematerial — enthalten, häufig anzutreffen. Ursache hierfür sind nach Burghardt (1994) zum einen schichtige Ablagerungen, die infolge mechanischer Verdichtung meist ein plattiges Gefüge aufweisen, zum anderen ein erhöhter Scherwiderstand des zumeist kantigen, grusartigen Skeletts.

4.3
Nährstoffstatus

Die Eignung von natürlichen oder anthropogen veränderten Böden als Wuchsstandort für Pflanzen hängt von mehreren Standortfaktoren (z.B. Klima, Durchwurzelbarkeit, Wasser- und Luftangebot, Nähr- und Schadstoffverhältnisse) und den Ansprüchen der jeweiligen Arten ab. Für eine vergleichende Bewertung der Nährstoffvorräte (N_t und P_t; Tabellen 4.3 und 4.4) bzw. für die Einstufung der pflanzenverfügbaren Nährstoffgehalte (P_{DL}, K_{DL} und Mg_{CaCl2}) kann der in der Landwirtschaft Nordrhein-Westfalens übliche Bewertungsrahmen herangezogen werden. Nach diesem wird zur Sicherung hoher Erträge bei der Nährstoffversorgung der Acker- und Grünlandböden jeweils eine hohe Versorgung (= Versorgungsstufe C) mit Phosphat, Kalium und Magnesium angestrebt (vgl. VDLUFA 1983; Tab. 4.3-3 und 4.3-4). Für eine Begrünung städtischer Flächen kann aber eine mittlere Nährstoffversorgung für Pflanzen (= Versorgungsstufe B) als ausreichend angesehen werden.

Tabelle 4.3. Bewertung der Stickstoffvorräte der Feinerderaummasse [g N_t/m^2]

Tiefe	Gering	Mittel	Hoch	Sehr hoch
0-3 dm	< 250	> 250 - 500	> 500 - 1.000	> 1.000
0-10 dm	< 400	> 400 - 800	> 800 - 1.600	> 1.600

Tabelle 4.4. Bewertungsrahmen für die P-Gesamtgehalte in Boden- und Substratproben sowie der Feinerderaummasse

	Einheit	Niedrig	Mittel	Hoch	Sehr hoch	Extrem hoch
	mg/kg	<265	>265-530	>530-1060	>1060-1550	>1550
0-3 dm	g/m²	120	>120-250	>250-500	>500-1000	>1000
0-10 dm	g/m²	<400	>400-800	>800-1600	>1600-3200	>3200

Tabelle 4.5. P- und K-Gehaltsklassen für den potentiell pflanzenverfügbaren Nährelementanteil nach der Doppellactatmethode in Bodenproben und der Feinerderaummasse

Nähr-element	Bodenart Tiefe	Ein-heit	A: niedrig	B: mittel	C: hoch	D: sehr hoch	E: extrem hoch
Phos-phor (P)	1) S, Sl, Us, Ls, Ul, Lu, L	mg /kg	0-22	23-57	58-105	106-157	$\geq$ 158
	2) Ltu, Lt, T		0-44	45-87	88-131	132-174	$\geq$ 175
zu 1)	0-3 dm	g/m²	<10	10-26	26-47	47-71	>71
zu 1)	0-10 dm	g/m²	<33	33-86	86-158	159-236	> 237
Kalium (K)	3) S	mg /kg	0-33	34-75	76-125	126-183	$\geq$184
	4) Sl, Us, Ls, Ul, Lu, L		0-50	51-108	109-183	184-274	$\geq$ 275
	5) L, Lut, Lt		0-66	67-141	142-232	233-332	> 333
zu 4)	0-3 dm	g/m²	<23	23-49	>49 -82	>82-123	>124
zu 4)	0-10 dm	g/m²	<75	75-162	>162-275	>275-411	> 412

Tabelle 4.6. Bewertung der potentiell pflanzenverfügbaren Mg-Gehalte in Boden- und Substratproben sowie der Feinerderaummasse

Bodenart	Ein-heit	A: niedrig	B: mittel	C: hoch	D: sehr hoch	E: extrem hoch
1) S	mg/kg	0 - $\leq$25	>25- $\leq$35	>35 - $\leq$ 55	> 55 - $\leq$ 85	> 85
2) Sl, Us, Ls, Ul, Lu		0 - $\leq$35	>35 -$\leq$45	>45 - $\leq$ 75	> 75 - $\leq$115	> 115
3) L, Lut, Lt		0 - $\leq$45	>55- $\leq$65	>65 - $\leq$105	>105 - $\leq$155	> 155
zu 2) 0-3 dm	g/m²	<15,8	15,9-20,3	20,4-33,8	33,9-51,8	> 51,8
zu 2) 0-10 dm	g/m²	<52,5	52,6-67,5	67,6-113	114-173	> 173

Von der Bewertung des jeweiligen Standortes hinsichtlich seiner potentiellen landwirtschaftlichen Nutzbarkeit abgesehen, ergibt sich anhand der ermittelten Kennwerte zum Nährstoffvorrat bzw. zu den pflanzenverfügbaren Fraktionen eindeutig, daß die untersuchten landwirtschaftlich genutzten oder die einer urban-industriellen Nutzung unterliegenden Böden des Ruhrgebietes in der Regel nährstoffreicher sind, als die naturnah verbliebenen Böden in Waldgebieten. Zur besseren Vergleichbarkeit des Grades der Nährstoffanreicherung in den Profilen unterschiedlichster (anthropogener) Genese sind zum Vergleich die Bewertungsstufen für den Nährstoffvorrat bzw. dessen pflanzenverfügbare Menge für den Oberbodenbereich (0-3 dm) bzw. den Pedon bis in 1 m Tiefe der unter Gruppe I zusammengefaßten Böden nach Nutzungsformen in Tabelle 4.7 aggregiert. Zunächst ergibt sich, daß die Profile ohne Auftragsschichten und bei meist nur geringer Veränderung (z.B. durch Krumenvertiefung infolge gärtnerischer Nutzung) der natürlichen Profilmorphologie bereits sehr unterschiedliche Trophiestadien besitzen, die v.a. durch die Unterschiede in der Nutzung bedingt sind. So bestehen die untersuchten Waldböden vorwiegend aus versauerten schluffig-lehmigen, podsolierten, pseudovergleyten Braunerden bis Pseudogleyen, die durch mangelnde biologische Aktivität oberflächennah viel organische Substanz (als Rohhumus) und dadurch hohe Stickstoffvorräte akkumuliert haben. Sie stellen aber nur in untergeordneten Konzentrationen pflanzenaufnehmbare N-Formen (i.d.R. NH_4-N und NO_3-N < 10 mg/dm³ im Jahresverlauf < 1 dm Tiefe) der Vegetation zur Verfügung. Insgesamt stellen die Waldböden eher nährstoffarme Standorte dar.

Eine Verbesserung der N- und P-Nährstoffversorgung ist in den Auenböden beobachtbar. Der entscheidendere Faktor hinsichtlich der Pflanzenentwicklung auf diesen Standorten dürfte aber weniger in der (vergleichsweise besseren) Nährstoffversorgung, sondern in den besseren Belüftungsverhältnissen als Folge der periodisch steigenden Wasserstände der Fließgewässer zu sehen sein. In den innerstädtischen Profilen unterschiedlicher Nutzungsintensität ist insbesondere auf Park- und Grünflächen zu beobachten, daß diese infolge Düngung mit Komposten und Mineraldünger bzw. Immission von Stäuben der Oberbodenbereich gegenüber den Waldböden mit Nährstoffen angereichert ist. Dieser Einfluß schwächt sich aber im Unterboden ab. Eine durchweg als ausreichend einzustufende Nährstoffversorgung wurde in den Ackerböden festgestellt, wobei als Folge der gezielten organischen und anorganischen Düngung der Ap-Horizont bzw. der Pedon bis in 1 m Tiefe meist hohe bis mittlere N_t- und P_t-Vorräte sowie mittlere verfügbare P- und K-Fraktionen besitzt. Nur bei Magnesium treten noch, wie bei den Wald- und Auenböden oder den innerstädtischen Profilen mit vorwiegender Park- oder Grünflächennutzung, stellenweise niedrige pflanzenverfügbare Mengen auf.

Die höchsten Nährstoffvorräte mit zum Teil auch sehr hohen wasserlöslichen Phosphatgehalten sind stets in Gartenböden anzutreffen, die durch das wiederkehrende, tiefgründige Einarbeiten von Kompost auch noch hohe Humusgehalte in mehr als 3 dm Tiefe besitzen.

Tabelle 4.7. Bewertung der Nährstoffgesamtvorräte bzw. ihrer pflanzenverfügbaren Mengen nach Versorgungsstufen (A-E) unterschiedlich mächtiger Schichten für die naturnah verbliebenen bzw. anthropogen tiefgründig bearbeiteten Böden (Gruppe I)

	Tiefe [dm]	N_t	P_t	P_{DL}	K_{DL}	Mg_{CaCl2}
Wald	0-3	B-C	A	A	A	A
	0-10	B-C	A	A	A	A
Ruhrauen	0-3	C-D	A-C	A-D	A-B	A
	0-10	C-D	A-B	A-B	A	A
div. urbane	0-3	C-B	B-C	C-B	C-B	A-B
Nutzung	0-10	C-B	A-B	A-B	A-B	B-A
Acker	0-3	C-B	C	B-C	B-C	C-A
	0-10	C-B	B	C-B	B	B-A
Gärten	0-3	C	C-D	E-D	B-C	B
	0-10	C	C-D	D-C	C	B

Tabelle 4.8. Bewertung der Nährstoffgesamtvorräte bzw. ihrer pflanzenverfügbaren Mengen nach Versorgungsstufen (A-E) unterschiedlich mächtiger Schichten für die Böden aus Substrataufträgen aus carbonatfreiem oder -armem Ausgangssubstrat (Gruppe II)

	Tiefe [dm]	N_t	P_t	P_{DL}	K_{DL}	Mg_{CaCl2}
Bahnverkehrsflächen	0-3	A	A-C	A	A	A
	0-10	A	A-B	A	A	A
Zechen- und Kohle-	0-3	C-D	A-C	A	A	A
verarbeitungsflächen	0-10	D	A-B	A	A	A
Bergehalden	0-3	B-C	A	A	B-A	B-C
	0-10	C	A	A	B-A	B-C
div. urbane Nutzung	0-3	C-D	C-E	A-C	A-C	B-A
	0-10	C-D	C-D	B	A-C	B-A

Tabelle 4.9. Bewertung der Nährstoffgesamtvorräte bzw. deren pflanzenverfügbaren Mengen nach Versorgungsstufen (A-E) unterschiedlich mächtiger Schichten für die Böden aus Substrataufträgen aus vorwiegend carbonathaltigem bzw. alkalisierendem Ausgangssubstrat (Gruppe III)

	Tiefe [dm]	N_t	P_t	P_{DL}	K_{DL}	Mg_{CaCl2}
Bahnverkehrsflächen	0-3	A	C-B	A	B-A	A
	0-10	A-C	B	B-A	B	A
Zechen- und Kohle-	0-3	A	A-B	A	A-B	A
verarbeitungsflächen	0-10	C-D	B	A	A-B	A
Eisenhüttenindustrie	0-3	B-A	B-A	A-C	B-A	A
	0-10	C-A	A	C-A	B-A	A
Gärten, Grünanlagen	0-3	C-D	C	C	B-C	A-D
Freizeitanlagen	0-10	C-D	B-C	C-B	B-C	C-A

Wie z.B. die Geländeerhebungen im Brücktorviertel von Oberhausen ergeben (GLA 1997), nehmen dort Böden aus Substrataufträgen mit vorwiegend carbonatfreiem oder -armem Ausgangssubstrat etwa 16% der Fläche ein. Sehr häufig befinden sich diese Böden anthropogener Aufträge im Bereich der Grünanlagen von Wohnsiedlungen, wo unterhalb der Grasnarbe vorwiegend umgelagerte, natürliche Ausgangssubstrate, die mit wenig technogenen Substraten vermengt sind, anstehen. Der Nährstoffstatus dieser innerstädtischen Profile, welcher in enger Verzahnung mit dem Faktor Wohnumfeldqualität zu sehen ist, liegt auf einem deutlich höheren Niveau als in den Böden der Bergehalden bzw. weiter Bereiche der Zechen- oder Eisenbahnanlagen (Tabelle 4.8). Dort liegen ebenfalls in großem Umfang carbonatarme bis -freie Böden aus Substrataufträgen vor, auf denen aber ein gezielter Nährstoffeintrag zur Verbesserung der Standorteigenschaften für eine Begrünung in der Regel unterblieb, da vielfach ein Bewuchs weitgehend unerwünscht war bzw. auch heute noch ist. Die durchgehend eher hohen Stickstoffgesamtgehalte (auch in Schichten unterhalb der Grasnarbe) sind nicht nur auf eingemengtes humus- und dadurch auch N-haltiges Bodenmaterial, sondern auch auf das im Ruhrgebiet weit verbreitete Bergematerial zurückzuführen, welches noch Steinkohle enthält, die „fossilen" Stickstoff inkorporiert hat. Die Stickstofffreisetzung aus der Steinkohleoxidation ist aber von untergeordneter Bedeutung (ca. 0,1 g N/ m² • dm pro Jahr; s. Kap. 4.1).

Insgesamt sind die sich auf Bergehalden entwickelnden Böden lange Zeit als Standorte einzustufen, auf denen — bei Zugrundelegung der in der Landwirtschaft verwendeten Maßstäbe — die Vegetation einem generellen Hauptnährelementmangel ausgesetzt ist. Ähnlich verhält es sich in weiten Bereichen auf Zechen- von Eisenbahnanlagen (Tabelle 4.8), bei welchen die geringen Nährstoffvorräte auch auf die verminderten Mengen an Feinboden zurückzuführen sind Derartige Standorte sind, wenn sie nicht mehr der Nutzung unterliegen, wertvolle Rückzugsgebiete für seltene bzw. gefährdete Pflanzen- und Tierarten. Nach Abs (1992) sind z.B. Bahndämme wertvolle Ersatzbiotope für Trockenrasen und Magerstandorte. Auch die von Jochimsen (1989) durchgeführten Vegetationsversuche zur Begrünung von Bergehalden auf der Grundlage der natürlichen Sukzession auf der Halde Waltrop belegen, daß sich auf gering mit pflanzenverfügbaren Nährstoffen versorgten Haldenstandorten eine leistungsfähige Kraut- und Grasflora einstellen kann.

Auch wenn auf den Industrie- und Bundesbahnanlagen carbonathaltiges bzw. alkalisierendes Ausgangssubstrat aufgebracht wurde, so sind im bis auf 1 m Tiefe bezogenen Boden in der Regel nur niedrig bis mittel einzustufende Nährstoffvorräte akkumuliert (Tab. 4.9), weswegen sich die pflanzenverfügbaren Nährstoffmengen ebenfalls eher auf einem niedrigen Niveau bewegen. Die Hauptursache hierfür ist die geringe Menge an Feinerde, welche sich in den Schotterzwischenräumen akkumulieren konnte. Bahnanlagen werden bei der Anlage gezielt für die nachfolgende Nutzung hergerichtet, wobei der oberste Meter meist einen Auftrag aus Naturstein- oder Schlackenschotter erfährt. Das im Laufe der Zeit in den Schotterzwischenräumen akkumulierte Feinmaterial wurde immer wieder — und verstärkt nach der Einführung der Diesel- und Elektroloks — im Rahmen von Wartungs- und Erneuerungsarbeiten aus dem Schotterkörper der Gleisanlagen ausgesiebt, so daß nur in sehr wenig genutzten, alten Gleistrassen eine Feinsubstratfüllung bis an die Oberkante der Schwellen zu beobachten ist, was dort mit einer Verbesserung der Nährstoff- und Wasserverhältnisse für eine sich ansiedelnde Pflanzengesellschaft einhergeht.

Ebenfalls eher verhaltenere Pflanzenhauptnährelementvorräte liegen in vielen Böden mit carbonathaltigem bzw. alkalisierendem Ausgangssubstrat von Zechengeländen und den Flächen der diesen produktionstechnisch nachgeschalteten Kohleveredlungsanlagen vor. Meist handelt es sich dabei um den aus Abbruchphasen stammenden, von Ziegel dominierten Hochbauschutt mit carbonathaltigen Mörtelfugen sowie zur Ablagerung gekommenen Aschen aus der Steinkohleverbrennung. Die auf derartigen Standorten bis in 1 m Tiefe als hoch bis sehr hoch einzustufenden Stickstoffgesamtgehalte liegen aber in weitgehend immobiler Form in Steinkohle bzw. im Bergematerial gebunden vor. Außerdem ist gerade das auf den Zechen vielfach in den Auftragsschichten vorliegende Bergematerial ein phosphat- und magnesiumarmes Natursubstrat. Einzig Kalium wird (aus der durch die Pyritoxidation verstärkten Tonmineralverwitterung bzw. -zerstörung) über längere Zeit in einem für die Ruderalvegetation bzw. Begrünung ausreichenden Maße nachgeliefert.

Vergleichsweise günstige Nährstoffverhältnisse auf für das Ruhrgebiet typischen Industrieanlagen ergeben sich dagegen an den Geländepositionen von Eisenhüttenbetrieben, wo sich Böden aus Substrataufträgen in carbonathaltigen Substraten der (Roh-)Eisenherstellung entwickeln. Dies gilt insbesondere für die Nährstoffe Phosphat und Magnesium, welche bei der Roheisengewinnung bzw. der Stahlproduktion in der kalkhaltigen Schlacke verbleiben. Diese Schlacken werden auch heute noch in gemahlener Form als „Thomasphosphat" in der Landwirtschaft als langsamfließende Phosphatquelle oder als „Konverterkalk" zur Aufkalkung und Spurenelementdüngung eingesetzt (vgl. Kap. 3.2.2). Noch vor Beginn bis in die Anfänge des 20. Jh. wurden die Eisenhüttenschlacken nicht weiterverwertet und z.T. aufgehaldet. Auch in Bereichen, in denen die Eisenhüttenschlacken vormals zur Wege- oder Platzbefestigung verwendet wurden, ist ein hohes Nährstoffpotential festzustellen. Da aber derartige Schichten, wenn sie oberflächennah anstehen, aufgrund der Verhärtung ein Durchwurzelungshemmnis darstellen, ist das darin und darunter vorliegende Nährstoffpotential höheren Pflanzen nicht zugänglich.

Dem Thema „Naturschutz in urban-industriellen Verdichtungsräumen" wird in der Öffentlichkeit und in den Bundes-, Landes- und Kommunalverwaltungen immer mehr Aufmerksamkeit geschenkt. Dies zeigt sich u.a. auch daran, daß z.B. mit dem „Naturschutzprogramm Ruhrgebiet" von 1987-1990 ca. 30 Mio. DM für Naturschutzmaßnahmen in den Ballungskernzonen zur Verfügung gestellt wurden. Grundlage für die Stadtplanungen zum Naturschutz sind dabei derzeit zumeist floristische und vegetationskundliche Untersuchungen (vgl. Reidel 1989;

Dettmar 1992). Schutzausweisungen anhand von Bodenfunktionen flossen bisher vorwiegend nur dann in die Planung mit ein, wenn zentrale natürliche Regelungsfunktionen des Bodens — insbesondere der Schutz des Grundwassers — berührt wurden.

Wie die Untersuchungen im Rahmen dieser Arbeit deutlich zeigen, sind die Stadt- und Industrieböden des Ruhrgebietes vielfach mit Nährstoffen angereichert. Der Eutrophiestatus der urbanen Flächen nähert sich in weiten Bereichen dem des landwirtschaftlich genutzten Raumes an bzw. übertrifft dieses auch schon häufig. Es kommt somit zu einer weiträumigen Nivellierung des Trophiestatus von Landschaften auf hohem, eutrophem Niveau. Zur Erhaltung der ökologischen Vielfalt, insbesondere in urban-industriellen Verdichtungsräumen, ist es daher besonders vordringlich, oligotrophe und mesotrophe Böden zu schützen. Die Schutzwürdigkeit sollte dabei geprüft werden, unabhängig davon, ob diese Standorte noch in naturnahem Zustand verblieben sind oder ob es sich um anthropogen gestaltete Böden aus Substrataufträgen handelt.

Im Hinblick auf die planerische Verwertbarkeit und Umsetzbarkeit einer ökologisch optimierten Stadtplanung kann als geeigneter Parameter zur Überprüfung einer möglichen Schutzausweisung die **Menge** an potentiell pflanzenverfügbarem (doppellactatlöslichem) Phosphat im Boden verwendet werden.

Phosphat, das, von lokalen Emittenten abgesehen, anders als Stickstoff nicht über die Atmosphäre in die Böden eingetragen wird, gehört zum einen zu den Pflanzenhauptnährelementen und ist zum anderen in ungedüngten Böden vielfach ein die pflanzliche Biomasseproduktion limitierender Faktor. Darüber hinaus wird in leichter löslichen Formen (z.B. über Düngung) zugeführtes Phosphat im Boden im Laufe der Zeit durch spezifische Adsorption und Diffussion in Fe-Oxide bzw. durch Umwandlung in schwerer lösliche Eisen- und Aluminiumphosphatphasen bzw. Apatite immobilisiert. Bei der Beurteilung des Eutrophierungsgrades sollte daher von der akkumulierten, potentiell verfügbaren Nährstoffmenge ausgegangen werden. Es ist notwendig, den Bodenskelettgehalt, (welcher i.d.R. die Nährstoffkonzentration bezogen auf das Volumen verdünnt) und die Dichte der Lagerung zu berücksichtigten. Dies erfordert eine Abkehr von der bisherigen Beurteilungsweise, bei der allein die Nährstoffkonzentration der Feinerde die Basis der Bewertung darstellt.

Betrachtet man die Verteilung der potentiell pflanzenverfügbaren P_{DL}-Mengen in den 56 untersuchten Profilen (Abb. 4.5), so wird deutlich, daß bei den Böden aus Substrataufträgen (Gruppe II und III) die gering (bis 10 g P_{DL}/m^3) bis mittel (10-25 g P_{DL}/m^3) versorgten Standorte deutlich in der Minderzahl sind.

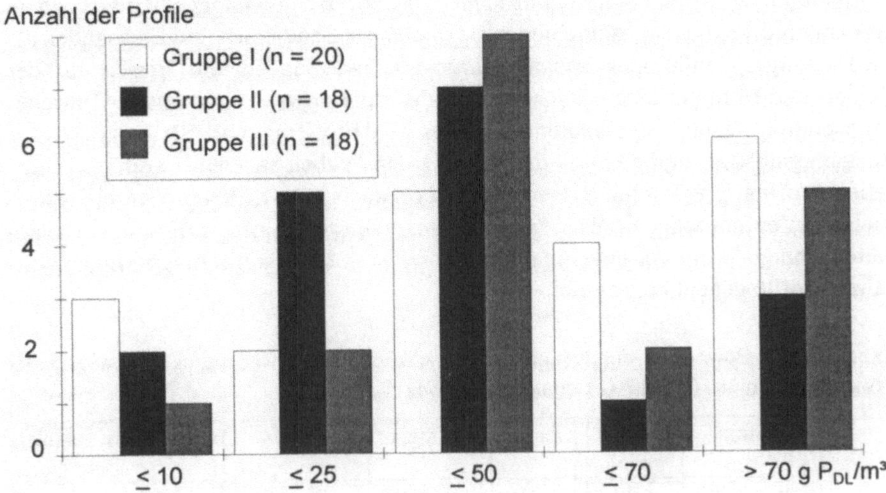

Abb. 4.5. Verteilung der potentiell pflanzenverfügbaren, doppellactatlöslichen Phosphat-mengen in Bodenprofilen des Ruhrgebiets

4.4
Kationenaustauschkapazitäten

Als physiko-chemischer Summenparameter zur Charakterisierung des Nähr- und Schadstoffbindungspotentials des Standortes wird bei Stadt- und Industrieböden in der Regel die potentielle Kationenaustauschkapazität (KAK) erfaßt, da durch diesen Kennwert die Summe der zur Verfügung stehenden permanenten und variablen Ladungen im Bodenkörper erfaßt wird. Die Höhe der KAK hängt dabei in entscheidendem Maße von der Quantität und Qualität der reaktiven Oberflächen der Bodenkolloide — insbesondere vom Ton- und Humusgehalt — ab, weswegen bereits die Sorptionsverhältnisse in Böden natürlicher Pedogenese unter Wald- oder Ackernutzung in einem weiten Bereich variieren. Die potentielle KAK der Tonfraktion in den Böden variiert häufig zwischen 300-550 $mmol_c$/kg, die der organischen Substanz liegt mit 1.800-3.000 $mmol_c$/kg wesentlich höher. Da Art und Gehalt an Tonmineralen bzw. Huminstoffen in verschiedenen Böden erheblich variieren, kann man einzelnen Bodenarten nur grobe KAK-Bereiche zuordnen. In dem gemäßigt-humiden Klimabereich haben Sande mit 2-3% Humus meist Gehalte von 50-100, sandige Lehme, Lehme und tonige Schluffe von 100-250 und tonige Lehme und Tone von 200-400 $mmol_c$/kg Boden (Scheffer und Schachtschabel 1989). An diesen Werten orientiert, ist es somit möglich, eine größenmäßige Gliederung der KAK in 6 Klassen vorzunehmen (vgl. Tabelle 4.10).

Im südlichen Ruhrgebiet entwickelten sich die Bodenbildungen vorwiegend in Löß, im nordwestlichen Ruhrgebiet dagegen mehr in Sandlössen und Flugsanden als auch sandigen Fluß- oder Bachablagerungen über Sanden und Kiesen aus der Nieder- und Mittelterrasse des Rheins und der Ruhr sowie Talsanden der Emscher ab, wodurch schon ein erheblicher Unterschied im Ton- und Skelettgehalt des Ausgangssubstrats und dadurch der KAK in den Proben aus den jeweiligen naturnahen Profilen dieser beiden Bereiche gegeben ist. Aus diesem Grund werden auch die Veränderungen dieser Merkmalsausprägung bei den anthropogen veränderten Böden — mit der jeweiligen Spannbreite — den jeweils zugehörigen naturnahen Profile gegenübergestellt.

Tabelle 4.10. Bewertung der Kationenaustauschkapazität in Bodenproben sowie in der Feinerderaummasse (Nach AG Bodenkunde 1994; ergänzt)

	Einheit	Sehr gering	Gering	Mittel	Hoch	Sehr hoch	Äußerst hoch
	$mmol_c/kg$	< 40	40-<80	80- <120	120-<200	200-<300	> 300
0-3 dm	mol_c/m^2	<18	18 - 36	>36-54	>54-90	>90-135	>135
0-10 dm	mol_c/m^2	<60	60-120	>120-180	>180-300	>300-450	>450

Gemeinsames Charakterisikum der potentiellen Sorptionsverhältnisse in den naturnahen sowie anthropogen tiefgründig bearbeiteten Böden der Gruppe I ist eine deutlich bessere KAK in den obersten 3 dm, was auf den in diesem Bereich höheren Anteil an rezenter, organischer Substanz zurückzuführen ist. Im Unterbodenbereich sind die Humusgehalte naturgemäß niedriger, weshalb die Höhe der KAK von den anorganischen Komponenten, v.a. von der Tonfraktion abhängt. Während die Feinerderaummasse der beprobten Böden mit entkalkten Lößsubstraten im südlichen Ruhrgebiet im ganzen Pedon bis auf ein Meter Tiefe eine mittlere Kationenaustauschkapazität besitzt, so sind den mehr sandig-kiesigen Natursubstratablagerungen des nordwestlichen Ruhrgebiets nur in der Oberbodenzone mittlere KAK-Werte zuzuordnen. Mit fortschreitender Tiefe, bei gleichzeitigem Rückgang des Humuseinflusses und steigenden Skelettgehalten, verringert sich dort die KAK i.d.R. auf ein niedriges bis sehr niedriges Niveau. Es muß jedoch festgehalten werden, daß das potentiell zur Sorption von kationischen Nähr- und Schadstoffen zur Verfügung stehende Potential keine Aussage über die derzeit tatsächlichen Sorptionsverhältnisse erlauben. So sind z.B. die Austauscher der stark versauerten Waldböden nahezu vollständig mit H- und Al-Ionen belegt, was bedeutet, daß auf diesen Standorten derzeit mit keiner nennenswerten „effektiven" Kationensorption gerechnet werden kann. Eine Verbesserung dieses Zustandes auf das Niveau der ermittelten „potentiellen KAK" wäre auf diesen Flächen nur durch eine umfangreiche Bodenmelioration erreichbar.

Ein deutlicherer Verlust an Kationensorptionspotential in urban-industriell veränderten Zechenprofilen mit carbonatfreiem oder -armem Ausgangssubstrat (Gruppe II; unter Aussparung der Bergehaldenprofile, welche von den Überdeckungsschichten abgesehen stets nur ein niedriges bis sehr niedriges KAK-Niveau besitzen) ist in den Proben aus dem südlichen Ruhrgebiet festzustellen. Ursächlich hierfür ist v.a. die schon belegte, starke Reduzierung der Feinerderaummasse durch (technogenes) Skelett aus Bauschutt, Aschen sowie Bergematerial und Kiesen bei gleichzeitiger Zunahme der Sandfraktion in der Feinerde. Erst ab

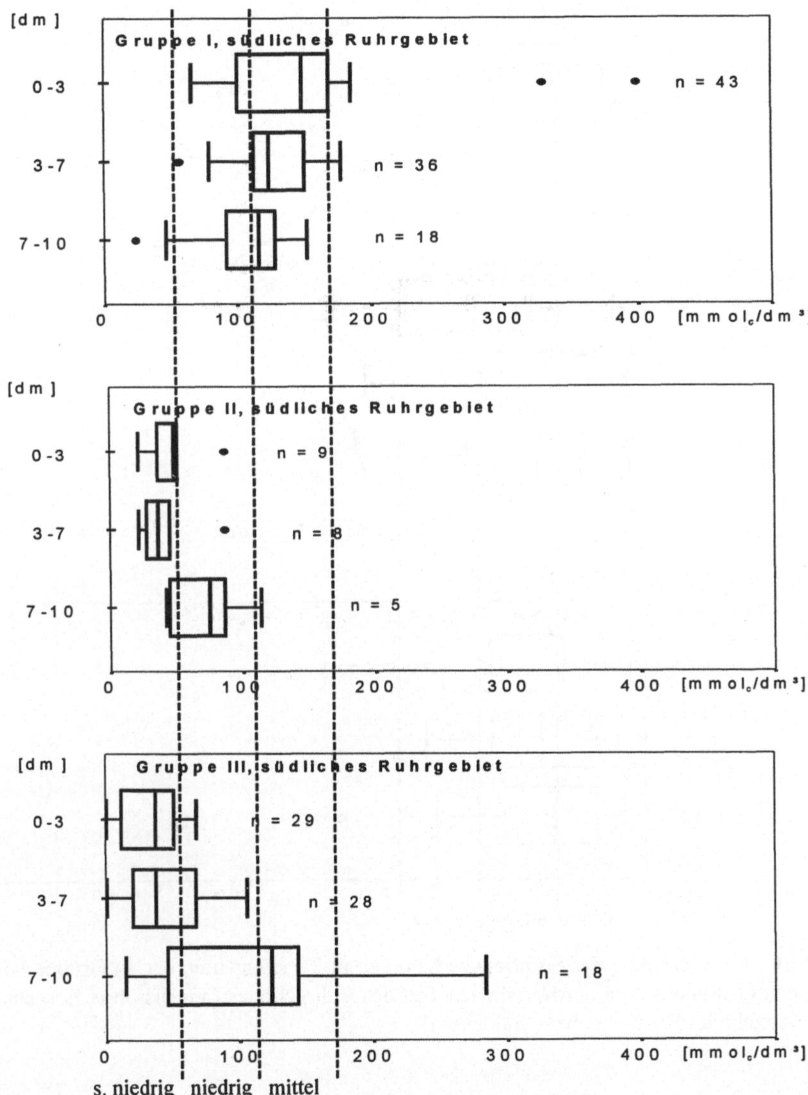

Abb. 4.6. Verteilung der Sorptionsverhältnisse in 3 Tiefenstufen der zu Gruppe I-III gehörigen Profile aus dem südlichen Teil des Ruhrgebietes (jeweils ohne Bergehalden) (n = Anzahl der Horizonte bzw. Schichten)

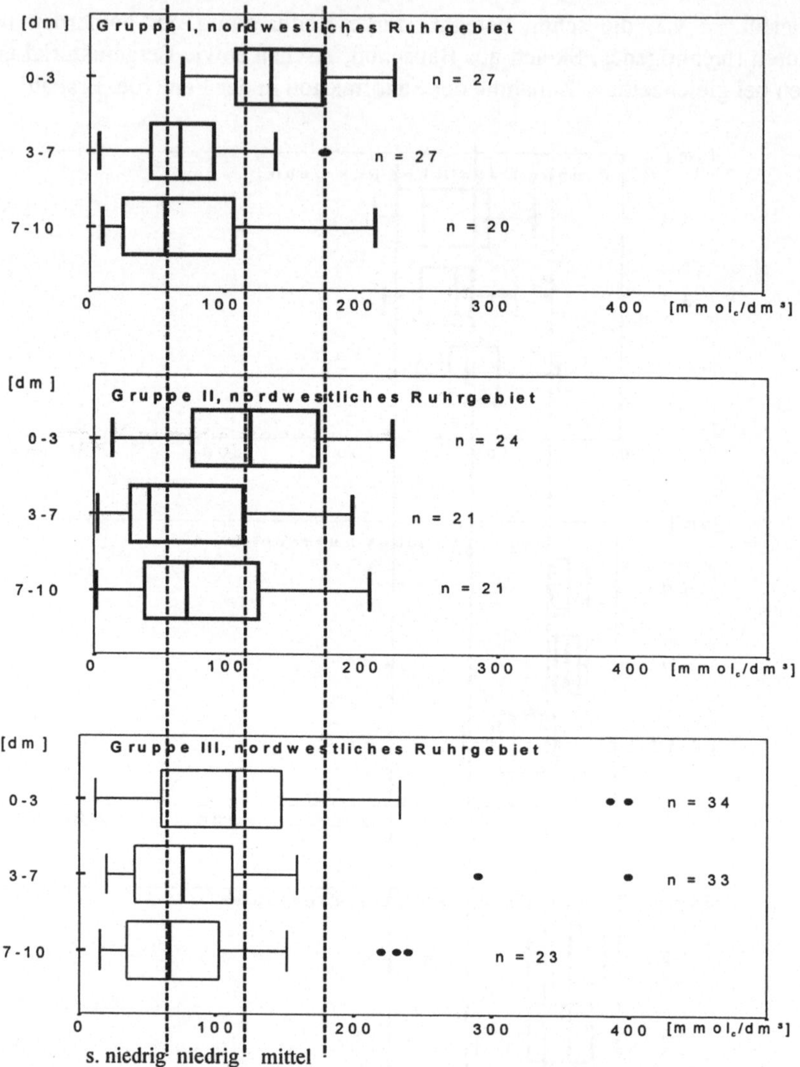

Abb. 4.7. Verteilung der Sorptionsverhältnisse in 3 Tiefenstufen der zu Gruppe I-III gehörigen Profile aus dem nordwestlichen Teil des Ruhrgebietes (jeweils ohne Bergehalden) (n = Anzahl der Horizonte bzw. Schichten)

7 dm Tiefe ist eine Anhebung der KAK von sehr niedrig auf niedrig festzustellen (Abb. 4.6). Dies ist auf das in dieser Tiefe bereits teilweise anstehende, ungestörte (skelettarme, tonreichere und z.T. noch alte Ah-Horizontreste enthaltende) Liegende zurückzuführen.

Die häufig geübte Praxis, humusreicheres Natursubstrat zur Überdeckung von Aufträgen mit technogenen Substraten zu verwenden, führt auch dazu, daß in Profilen aus dem nordwestlichen Ruhrgebiet die potentielle Kationenaustauschkapazität in der Schicht von 0-3 dm in mehr als 50% der Fälle als mittel einzustufen ist. Somit liegen dort weitgehend die gleichen Sorptionspotentiale wie in den Oberböden der naturnahen, bzw. tiefgründig bearbeiteten Böden der Gruppe I vor. Ein wesentlich stärkerer Rückgang an potentiellen Sorptionsplätzen auf ein vorwiegend niedriges Niveau ist besonders in Profilen mit carbonathaltigem bzw. alkalisierendem Ausgangssubstrat einer Industriebrache im Essener Nordviertel, in mit nach dem Niedertemperaturverfahren thermisch gereinigten Bodensubstratauftrag einer ehemaligen Kokerei und in den Profilen der Zechengelände im südlichen Ruhrgebiet auffällig. Nur dort, wo die Überdeckung mit umgelagertem kalkhaltigem Lößlehm mächtiger ist, und, z.T. durch gärtnerische Tätigkeiten gefördert, noch mit rezenter humoser organischer Substanz angereichert wurde, sind den für natürliche Böden unter landwirtschaftlicher Nutzung dieser Region vergleichbare bis höhere Kationensorptionspotentiale vorhanden. Insgesamt ist aber in diesem Raum des Ruhrgebiets ein deutlicherer Rückgang der KAK-Bewertungsstufe von mittel in den Böden der Gruppe I (0-10 dm) auf niedrig (7-10 dm) und sehr niedrig (im 0 bis 7-dm-Tiefenbereich) in der unter Gruppe III aggregierten Böden aus Substrataufträgen festzustellen. Dieser Rückgang ist deutlicher als bei den Profilen aus dem nordwestlichen Untersuchungsgebiet. Dort war bereits von Natur aus die Feinerderaummasse in den Unterböden durch Kiese und Schotter stärker verringert und in den Oberböden — durch die Anwesenheit von Flug- und Schwemmsanddecken — der Tonanteil (und dadurch auch die aus der mineralischen Komponente resultierende KAK) gering. Durch die Überdeckung der alten bzw. abgegrabenen Bodenoberflächen mit skelettreichen bzw. nur der Skelettfraktion zugehörigen Substraten wurde die für die in weiten Bereichen des nordwestlichen Ruhrgebiet typische, sich auf niedrigem bis sehr niedrigem Niveau befindliche KAK nicht so gravierend verringert, wie in den Gebieten der mittel- bis tiefgründigen Lößlandschaften (vgl. Abb. 4.6 und 4.7). Abschließend sei noch einmal herausgestellt, daß die vielfach in den Böden aus Substrataufträgen vorliegenden Steinkohle- und Koksgehalte nahezu keinen Einfluß auf die KAK besitzen, wie sich aus Ergebnissen von Klinger (1994) ableiten läßt, der eine KAK von Steinkohle des Ruhrgebietes von ca. 4 $mmol_c$/kg ermittelte. Andere Untersuchungen (Hiller 1996) ergaben Werte bis zu 19 $mmol_c$/ kg, was aber immer noch als sehr niedrig einzustufen ist.

4.5
Bodenreaktion

Da die Bodenreaktion auf viele chemischen, physikalischen und biologischen Bodeneigenschaften und das Pflanzenwachstum direkt oder indirekt wirkt, ist es ebenfalls wichtig, auf diese Größe bei den untersuchten Profilen aus dem Ruhrgebiet näher einzugehen. Der pH-Wert in den verschiedenen Böden variiert entsprechend ihrer Zusammensetzung in starkem Maße (vgl. Kap. 3.6).

In der Gruppe der *naturnahen sowie tiefgründig bearbeiteten Böden* besitzen v.a. die Wälder oder Böden unter Baumgruppen in Parks mit pH-Werten von teilweise < 3 sehr stark bis extrem sauere Bodenreaktionen, danach folgen mit mäßig sauer bis stark sauren pH-Werten Profile aus der Ruhraue. Aufgrund der in der Landwirtschaft üblichen Kalkung, konnte dort die Bodendegradation nicht so fortschreiten wie unter waldbaulicher Nutzung, weswegen in Proben dieser Standorte meist mäßig saure bis neutrale pH-Werte vorliegen. Auf ähnlichem Niveau bewegen sich zumeist die Säuregrade von Profilen im urbanen Bereich, die einer extensiven Nutzung als Straßenmittelstreifen oder als Grünanlagen der Blockbebauungen unterliegen. Durch Eintrag alkalischer Stäube oder carbonatischer technogener Substrate (wie z.B. verschiedener Müllbestandteile) ist aber meist im Ah-Bereich der pH-Wert etwas höher als in dem darauffolgenden Horizont. In den intensiver genutzten und gepflegten Gärten weisen die Hortisole eine schwach saure bis eher schwach alkalische Bodenreaktion auf. Insgesamt gesehen nimmt der Säuregrad der unter Gruppe I aggregierten Böden mit zunehmender Tiefe ab. So liegen z.B. < pH 5,5 in 0-3 dm Tiefe 44% der Horizonte, in der Zone 3-7 dm 42% und in dem Bereich von 7-10 dm 39% der Horizonte (s. auch Abb. 4.8).

Die übergreifende Auswertung der *urban-industriell veränderte Böden mit carbonatfreiem oder -armem Ausgangssubstrat,* welche in Gruppe II zusammengefaßt sind, ergibt, daß — unter Auslassung der Bergehaldenstandorte — die Versauerung dieser Standorte weniger gravierend ist, als dies in den naturnahen Böden der Fall ist. Nur noch in 36 bzw. 23% der Proben aus dem 0 bis 3 bzw. 3 bis 7 dm Profilbereich liegen pH_{CaCl2}-Werte $\leq$ 5,5 vor. In den darauffolgenden Schichten von 7-10 dm ist eine weitere Erhöhung der Bodenreaktion festzustellen, und nur noch in 14% sind die pH-Werte $\leq$ 5,5 (s. auch Abb. 4.8).

Bei den Böden aus Substrataufträgen mit weitestgehend carbonatfreiem Ausgangssubstrat entwickeln sich auf den Steinkohlenbergehalden im Ruhrgebiet (zunächst) extrem saure Standorte. Dies ist darauf zurückzuführen, daß mit der Aufhaldung die Bergematerialien in ein sauerstoffhaltiges Milieu gelangen, wodurch nicht nur die Oxidation von Fe(II)-Mineralen, sondern auch die Oxidation von Pyrit zu Sulfaten und freier Schwefelsäure abläuft. Hierdurch verschiebt sich innerhalb weniger Jahre die alkalische Reaktion frisch geschütteter Bergematerialien im oberflächennahen Bereich bis in den z.T. äußerst sauren pH-Bereich < 3. Dies konnte auch in dem Vegetationsversuch auf der Halde Waltrop nachgewiesen werden, wo innerhalb des Zeitraums von 1987-1990 eine Versauerung im Oberbodenbereich einzelner Versuchsparzellen — teilweise um bis zu 4,6 pH-Einheiten — bis auf pH_{CaCl2} 2,6 stattgefunden hat (Hiller 1994). In Böden aus Substrataufträgen englischer Industriestädte, welche sich teilweise nahezu nur aus Bergematerial entwickeln, hat die bereits lang andauernde Versauerung dazu geführt, daß sich eine sauren Boden bevorzugende Wildflora ansiedelte (Ash 1991; Harris 1991). Es gibt aber auch Hinweise darauf, daß nach weitgehender Umsetzung der Sulfide und Auswaschung der Schwefelsäure sich die Böden der Bergehalden im Ruhrgebiet regenerieren und, nach dem „Durchfedern" bis in den Aluminium-

Eisenpufferbereich (pH < 4,2), wieder in den Silicatpufferbereich (pH 4,2-5,0) zurückkehren können. So wurden in Oberbodenschichten einer um 1900 aufgeschütteten Bergehalde auf dem Gelände der Zeche Rheinelbe pH_{CaCl_2}-Werte von 4,8-5,2 gemessen. Die Kartierungen ergeben immer wieder, daß in den meisten Schichten der Böden aus Substrataufträgen des Ruhrgebietes Bergematerial mit eingemengt ist. Allerdings finden sich nur sehr selten darin Bodenreaktionen unterhalb des sehr schwach sauren pH-Bereichs, wenn diese Schichten noch Bauschutt oder Aschen enthalten. Sehr wahrscheinlich kommt es durch die Freisetzung basisch wirkender Kationen aus dem Bauschutt sowie der Umsetzung von in den Aschen und Schlacken vorliegenden Metalloxiden mit Wasser zu Basen zu einer Neutralisierung der Schwefelsäure (vgl. Kap. 3.6).

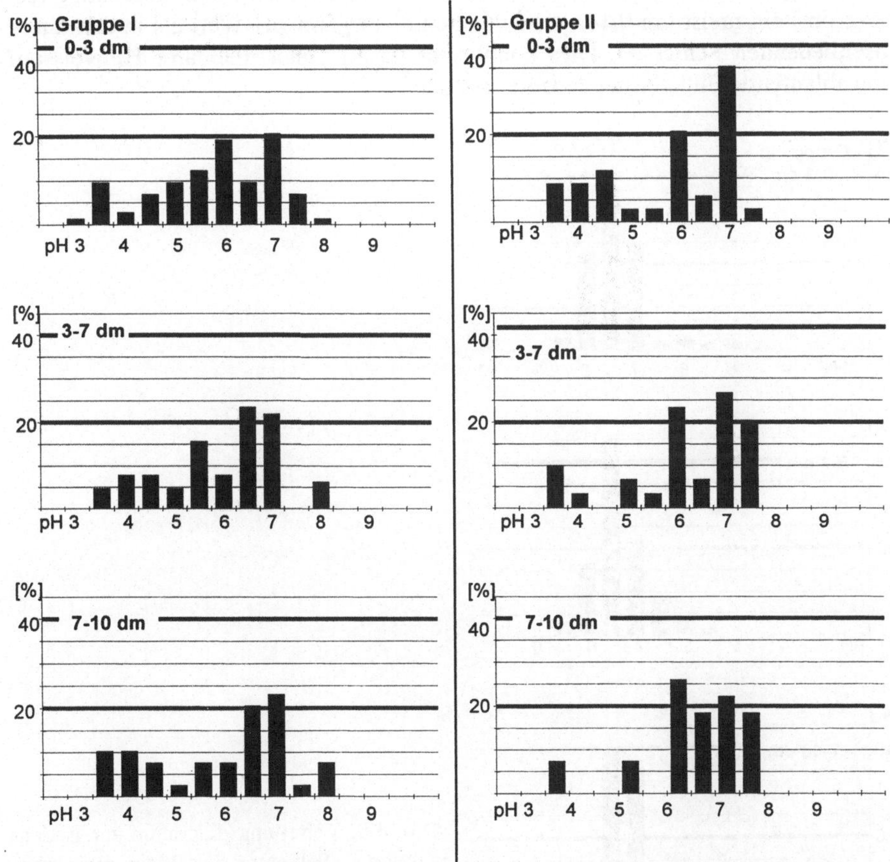

Abb. 4.8. Verteilungsdiagramm zur Bodenreaktion in Horizonten naturnaher sowie tiefgründig bearbeiteter Böden (Gruppe I, *linke Spalte*) sowie in Schichten von urban-industriell veränderte Böden mit carbonatfreiem oder -armem Ausgangssubstrat (Gruppe II, *rechte Spalte*)

Bei den sich auf Bahnanlagen der Bundesbahn entwickelnden Böden bestehen die Gleiskörper vorwiegend aus basaltischem Schotter (auf Industrie- und Werkbahnanlagen wurde häufig ein Dominieren an z.T. basisch wirkendem Hochofenstückeschlackenschotter festgestellt) und es liegen in den Auftragsschichten vermehrt Kiese aus Quarziten und Graniten vor. Infolgedessen ist die Bodenreaktion auf derartigen Standorten vorwiegend mittelsauer. Im Feinsubstrat aus den obersten Schichten der zuvorgenannten Gleiskörper wurden allerdings auch mit pH_{CaCl2}-Werten von 4,4-4,5 sehr saure Bedingungen festgestellt. Die bei den Kartierungen ebenfalls häufig unter Grünanlagen angetroffenen urban-industriell veränderten Bodenprofile mit carbonatfreiem oder -armem Ausgangssubstrat haben in der Regel eine sehr schwachsaure, bis sehr schwachalkalische Bodenreaktion. Dabei zeigt sich aber häufig in den obersten Profilbereichen der Überdeckung (ca. 1,5-2 dm) ein meist um 0,1-1 pH-Einheiten niedrigerer pH-Wert als in den daran anschließenden Schichten. Dies könnte bereits als erster meßbarer Hinweis auf eine ablaufende Entkalkung gedeutet werden.

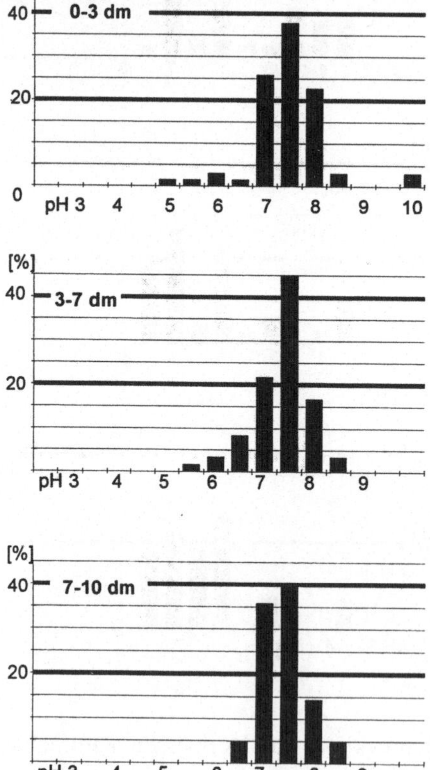

Abb. 4.9. Verteilungsdiagramm zur Bodenreaktion in Schichten der Böden mit carbonathaltigem bzw. alkalisierendem Ausgangssubstrat (Böden der Gruppe III)

Wie anhand der Verteilungsdiagramme in Abb. 4.9 unschwer ersichtlich ist, weisen die Schichten mit carbonathaltigem bzw. alkalisierendem Ausgangssubstrat der *Böden aus der Gruppe III*, i.d.R. eine schwach alkalische bis mäßig alkalische Substratreaktion auf. Bauschutt und Reststoffe der Eisenhüttenindustrie (v.a. Eisenhüttenschlacken oder Schlackensande) sind in allen der hier vorgestellten Profile die dominierende Ursache für alkalische Bodenreaktionen (vgl. Kap. 3.6). Daneben sind noch Aufträge aus Kalk- oder Dolomitsteinschotter auf (Bundes-)Bahnanlagen für über dem Neutralpunkt liegende pH-Werte weit verbreitet. Die im Ruhrgebiet typischen natürlichen carbonathaltigen Substrate (wie z.B. der Emschermergel oder anderen Ablagerungen aus der Kreidezeit) wurden in keinem dieser hier vorgestellten Profil gefunden. In Schichten, wo vorwiegend der mörtel- und betonhaltige Hochbauschutt dominiert, liegen die pH_{CaCl2}-Werte im neutralen bis schwach alkalischen Bereich. Stark alkalische oder sogar extrem alkalische Substratreaktionen wurden in Aschen (z.B. Müllverbrennungsasche, $pH_{CaCl2} = 9,2$ oder in Holzasche $pH_{CaCl2} = 12,4$) oder in Stäuben aus der Eisenhüttenindustrie (z.B. im Gichtgasstaub, $pH_{CaCl2} = 11,4$) gemessen. Gerade die Immissionen alkalischer Stäube der Schwerindustrie in ursprünglich saure, z.T. podsolige Böden der Umgebung sind in starkem Maße dafür verantwortlich, daß im Ruhrgebiet natürliche wie auch Böden aus Substrataufträgen mit anthropogener Lithogenese — wie z.B. in Oberhausen-Brücktorviertel — mit Basen angereichert wurden. Eine pH-Wertanhebung von Böden über carbonathaltige Staubimmissionen ist nicht auf das Ruhrgebiet beschränkt. Auch Untersuchungen von Heinsdorf u. Tölle (1993) oder Konopatzky et al. (1995) belegen, daß dieser Vorgang in industrialisierten Regionen mit Kraftwerks- und Eisenhüttenanlagen ohne leistungsfähige Filteranlagen z.T. großräumig nachweisbar ist.

4.6
Säureneutralisationsvermögen des Carbonatpuffers

Erkenntnisse über die Säureneutralisationskapazitäten der Carbonate bzw. alkalisch reagierenden Bodenkomponenten (SNK_{CO3}) sind in den häufig stark mit Schwermetallen belasteten Böden des urban-industriell veränderten Raums des Ruhrgebiets aus umwelthygienischen Gesichtspunkten von besonderem Interesse. Denn die SM-Mobilität ist durch die Anwesenheit von Carbonaten bei alkalischer Bodenreaktion durch Fällungsreaktionen — wie z.B. für Zink als Zn-Carbonat beschrieben (Herms u. Brümmer 1984) oder für Blei als Pb-Carbonat nachgewiesen (Hiller 1991) — sowie Adsorption an Austauscher ganz oder teilweise vermindert. Ist der Carbonatpuffer verbraucht, muß in Böden mit einer verstärkten Verfügbarkeit mobiler Schwermetalle für Organismen gerechnet werden. Die Bewertung der SNK_{CO3} in den Boden und Substratproben wird, wie in Tabelle 4.11 ausgeführt, vorgenommen.

Zur Abschätzung der heutigen Säurebelastung im Ruhrgebiet kann eine 5jährige Meßreihe des atmosphärischen Spurenstoffeintrags in Bochum von Kuttler (vgl. Tabelle 4.12) herangezogen werden. Jedoch sind die darin auf der

Basis von Stoffrachten [mg/l] angegebenen Elementeinträge für die Bewertung der physikalisch-chemischen Eigenschaften auf Ionenäquivalente (Umrechnung = Ladungszahl/Molekulargewicht = meq) umgerechnet. Dies erlaubt dann das Ausmaß der Säurebelastung auf der einheitlichen Bezugsbasis „H^+-Ionen" interpretieren zu können. Die Auswertung der Meßdaten von Kuttler (1986) ergab eine Deposition potentiell säurerelevanter Bestandteile von ca. 0,38 mol H^+/(1 m² und Jahr).

Tabelle 4.11. Bewertung der Säureneutralisationskapazität des Cabonatpufferbereiches (SNK_{CO3}) in der Feinerderaummasse von Boden- und Substratproben

Tiefe [dm]	Einheit	Gering	Mittel	Hoch	Sehr hoch
0 - 3	mol_c/m²	0 -18	>18 - 90	>90 - 180	>180
0 -10		0 - 60	>60 - 300	>300 - 600	>600

Tabelle 4.12. Mittlere atmosphärische Deposition potentiell säurerelevanter (H, N, S, Cl) bzw. basischer (Ca) Bestandteile in Bochum (Nach Kuttler 1986; verändert, ergänzt)

Meßzeitraum 5/1978 - 4/1984	H^+	SO_4-S	NH_4-N	NO_3-N	Cl^-	Ca^{2+}
			[mg/(1 m² und Monat)]			
Januar	4,5	260	115	41,8	298	77
Februar	3,2	217	76	35,1	141	78
März	7,7	327	147	46,0	319	122
April	4,9	187	121	52,0	198	108
Mai	8,1	204	107	62,5	173	111
Juni	5,6	279	184	78,7	200	151
Juli	4,6	212	166	73,5	168	142
August	2,0	203	138	79,6	119	128
September	0,7	127	147	30,5	149	109
Oktober	2,9	159	159	25,2	98	65
November	5,4	199	71	38,2	279	101
Dezember	7,6	222	131	33,1	246	96
Depositionssummen [mg/ 1 m² · a]	57	2596	1.561	596	2.388	1.287
Umrechnungsfaktor mg --> meq	0,992	0,062	0,072	0,072	0,028	0,049
Depositionssummen [meq/ 1 m² · a]	57	161	112	43	67	63

Deposition potentiell säurerelevanter Einträge = 377 mmol H^+/m² und Jahr

Die Anwesenheit von Carbonaten steht in enger Verbindung mit den pH-Werten. So ist bei pH-Werten unterhalb von 7 in den Böden nicht mehr mit feinverteiltem Ca-Carbonat, bzw. bei pH-Werten von < 6,5 auch nicht mehr mit (feinverteiltem) weniger löslichem Dolomit zu rechnen. Aus diesem Grunde liegt auch in den untersuchten naturnahen Böden unter wald- bzw. ackerbaulicher Nutzung kein carbonatisches Säureneutralisationspotential vor. Ausnahmen zeigen sich im Oberboden, wenn z.B. durch Düngungsmaßnahmen oder Immissionen basenreiche Substanzen eingetragen wurden oder wenn, wie auf naturnahen Standorten in innerstädtischen Bereichen zur Säureneutralisation befähigte, carbonathaltige technogene Substratbeimengungen (z. B. Mörtel, Bauschutt) vorliegen. Die in solchen Profilen im Oberbodenbereich ermittelten hohen SNK_{CO_3} sind das Resultat anthropogener Einflußnahme und spiegeln nicht den Zustand wider, den diese Böden bei natürlicher und ungestörter Entwicklung aufweisen würden. Da die Bodenentwicklung im Ruhrgebiet, von wenigen Standorten ausgenommen, auf mittlerweile mehr als 1,5 m tief entkalktem Natursubstrat weiterläuft, sind hohe bis sehr hohe Protonenpufferpotentiale im Ober- und Unterbodenbereich in der Regel nur noch in Hortisolen aufgrund der bodenverbessernden Maßnahmen der Gartenbesitzer vorzufinden (s. auch Abb. 4.10).

Wenngleich bei den *Böden aus Substrataufträgen der Gruppe II* Schichten ohne Carbonat und pH_{CaCl_2}-Werte < 7 dominieren, ist das Vermögen dieser Standorte, die Säuren aus der Tätigkeit der Bodenorganismen und der Niederschläge abzupuffern, wesentlich höher als das der unter Gruppe I aggregierten naturnahen

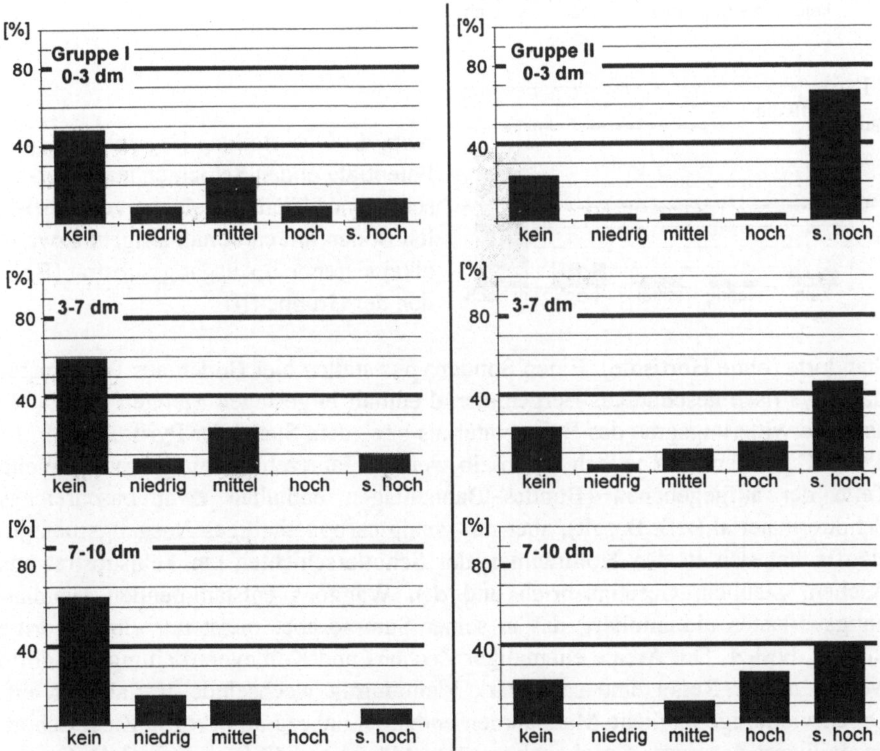

Abb. 4.10. Aufteilung [%] der SNK_{CO_3}-Potentiale in den Schichten aus 3 verschiedenen Tiefenbereichen von Profilen unterschiedlicher urban-industrieller Überformung (ohne Bergehalden)

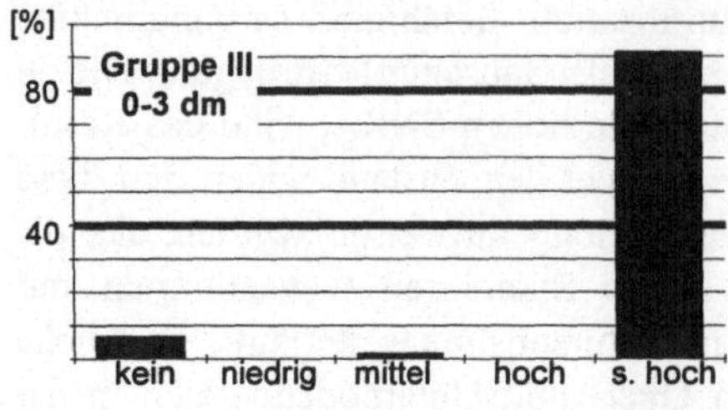

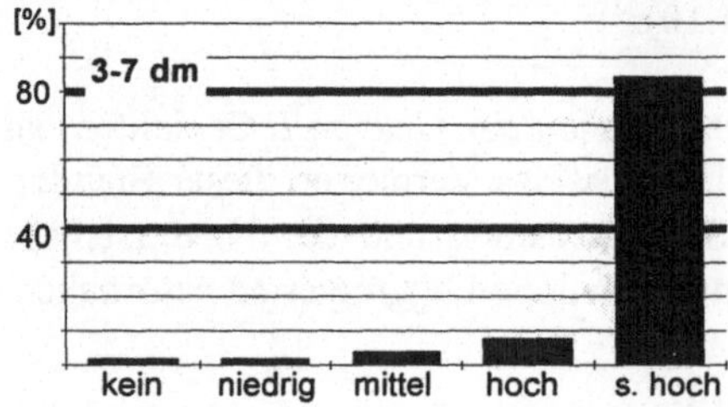

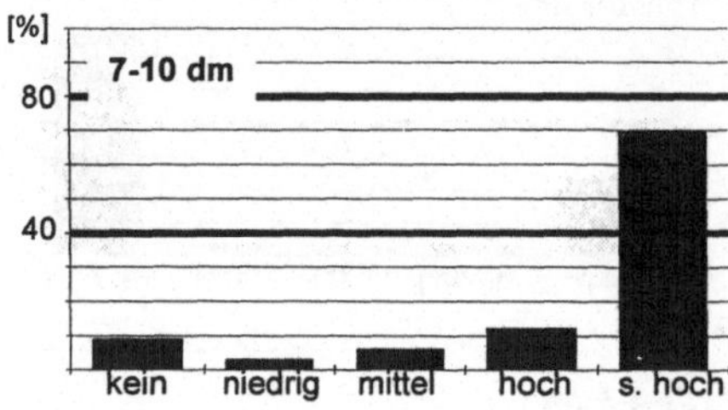

Abb. 4.11. Aufteilung [%] der SNK_{CO_3}-Potentiale in den Schichten aus 3 verschiedenen Tiefenbereichen von Profilen Böden mit carbonathaltigem bzw. alkalisierendem Ausgangssubstrat (Böden der Gruppe III)

Standorte (ohne Hortisole). Einen Sondertypus stellen hier Böden aus Bergematerial dar. Frisch geschüttetes Bergematerial enthält in geringen Mengen $CaCO_3$. Je nach Verwitterungsgrad des Bergematerials bzw. dem Status der Pyritoxidation ist dieser Carbonatvorrat jedoch innerhalb weniger Jahr(zehnt)e aufgebraucht. Weite Teile der aufgegebenen (Bundes-)Bahnanlagen enthalten zwar basenreiches Schottermaterial (z.B. Basalt), aber nur wenig carbonathaltiges Ausgangssubstrat. Häufig hat sich in den Hohlräumen der Schotterschichten ein Feinsubstrat aus Aschen, Stäuben, Gesteinsabrieb und den Waggons entstammenden Handhabungsverlusten akkumuliert, das in seiner Summe aber meist nur eine niedrige SNK_{CO_3} besitzt. Die Areale ehemaliger Zechen- und Kohleverarbeitungsstandorte weisen in der Regel eine sehr stark kleinräumig wechselnde Variabilität auf. Durch vielfältige bauliche Maßnahmen enthalten nahezu alle Profile Ziegelschutt, der teilweise vergrust ist und auch porösen Mörtel enthält (vgl. Kap. 3.4). Dessen Carbonatgehalte werden von den Säuren gelöst und in das Liegende ausgewaschen. Auf derartigen Standorten ist auch im Unterboden häufiger ein hohes bis sehr hohes Protonenpufferpotential vorhanden (s. auch Abb. 4.10).

Gemeinsames Merkmal der *unter Gruppe III zusammengefaßten Böden* ist das Dominieren der Auftragsschichten mit mehr als 1% Carbonat und/oder einem

pH_{CaCl2}-Wert $\geq$ 7, weswegen es nicht verwunderlich ist, daß im Ober- und den Unterbodenbereichen nahezu stets sehr hohe Protonenpufferkapazitäten ermittelt werden (Abb. 4.11). Hierzu gehören auch große Teile aufgegebener Industrie- und Werkbahnareale, die einen hohen Anteil stark alkalisch wirkender Eisenhütten-schlackenschotter haben sowie die Anlagenbereiche, auf denen von der Bundes-bahn Kalk- und Dolomitsteinschotter verwendet wurden. Das Feinsubstrat von derartigen Gleisanlagen enthält meist mäßige bis hohe Protonenpufferpotentiale. Bis in große Tiefen (z.T. > 2 m) finden sich große Areale mit carbonathaltigen bzw. alkalisierten Schichten auf den Geländen der ehemaligen Eisenhüttenindu-strie, wo im Rahmen der Produktion zum einen Carbonate eingesetzt wurden und zum anderen durch die thermischen Einwirkungen auf die Rohstoffe Alkali- und Erdalkalioxide angefallen sind, die bei Umsetzung mit Wasser starke Laugen er-geben. Alkalisierte Standorte sind aber auch auf anderen Industriestandorten des Ruhrgebietes eine eher typische Erscheinung.

Unterstellt man eine Depositionsrate von 0,4 Mol Säureäquivalenten pro 1 m² und Jahr, bedeutet dies, daß die Säureneutralisationskapazität der Feinerdeproben in den obersten 3 dm der Stadtböden von Gruppe III ausreichen würde, die atmo-sphärische H^+-Deposition in der Mehrzahl der Fälle noch mehrere hundert Jahre abzupuffern

4.7
Schwermetallgehalte in den Böden

Neben geologisch bedingten Anreicherungen werden besonders in der Umgebung industrieller Ballungszentren sowie an Standorten vergangener und gegenwärtiger Erzverarbeitung extrem hohe Schwermetallanreicherungen in Böden gefunden. Weiterhin können relativ hohe Gehalte an Schwermetallen in Flußsedimenten, im Baggergut belasteter Flüsse und in kommunalen Siedlungssabfällen gefunden werden. Eine Schwermetallakkumulation in urbanen Ballungsräumen ist ein be-kannter und als „stadtspezifische Änderung" bekannter Prozeß (Blume 1992). Für eine Beurteilung der ökologischen Wirksamkeit von Schwermetallen in Böden ist neben der Kennzeichnung der Gesamtgehalte auch die Erfassung der potentiell ver-fügbaren (EDTA-extrahierbarer Schwermetallanteil; Hornburg 1991; Hornburg u. Brümmer 1993) bzw. der mobilen Fraktion (NH_4NO_3-lösliche Schwermetalle; Zeien u. Brümmer 1989, 1991; Hornburg et al. 1995) erforderlich. Für die vorliegende Auswertung wurden von etwa 480 Horizont-/Schichtproben aus schwermetallbe-lasteten und unbelasteten naturnahen, urbanen und industriellen Standorten die Gesamtgehalte (SM_t) sowie die Gehalte an EDTA- (SM_{pot}) und NH_4NO_3-lösli-chem (SM_{mob}) Cadmium, Kupfer, Nickel, Zink und Blei bestimmt. Da die Profile in der Regel im Anschluß an eine Geländekartierung aufgenommen wurden, wei-sen die für die Untersuchung verwendeten Bodenproben ein so weites Spektrum in der Zusammensetzung auf, daß sie über die Probenentnahmegebiete hinaus auch für einen weiten Teil ähnlicher Areale im Ruhrgebiet als repräsentativ ange-sehen werden können. Die Ergebnisse der Untersuchungen zeigen im Durchschnitt eine Anreicherung der potentiell ökotoxischen Schwermetalle auch bereits in weitgehend ungestört erhalten gebliebenen Böden in Waldgebieten auf. Wie aus Tabelle 4.13 deutlich wird, steigen die Schwermetallanreicherungen bis hin zu extremen Schadelementbelastungen. Dabei ergibt sich, daß die in den Böden vorliegenden Schwermetallmengen in der Regel in folgender Reihe abnehmen: $Zn > Pb > Cu > Ni > Cd$.

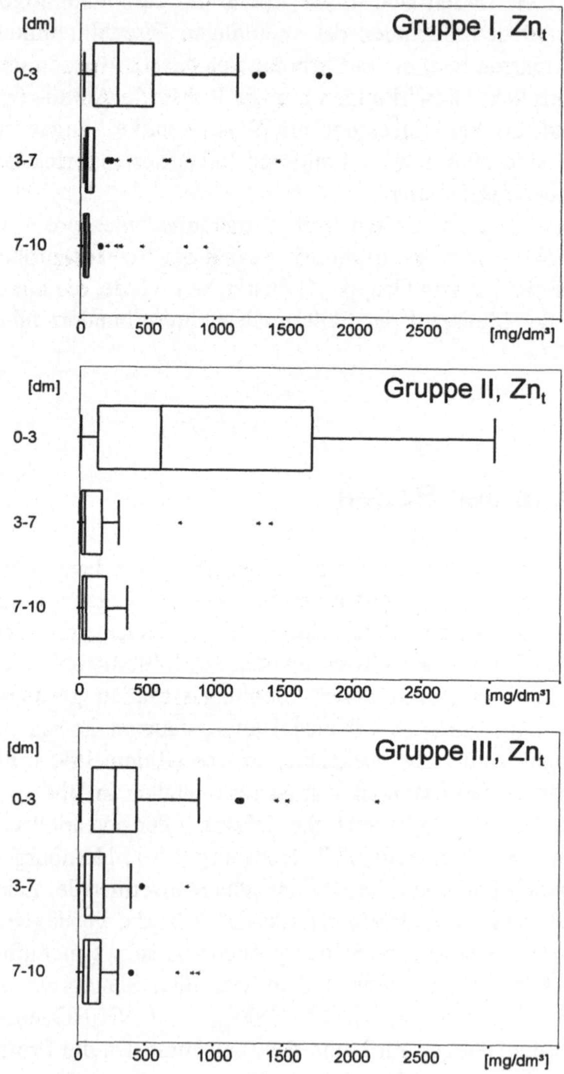

Abb. 4.12. Variation der königswasserlöslichen Zinkmengen von Profilen verschiedener Nutzung und Substratzusammensetzung [mg/dm³]

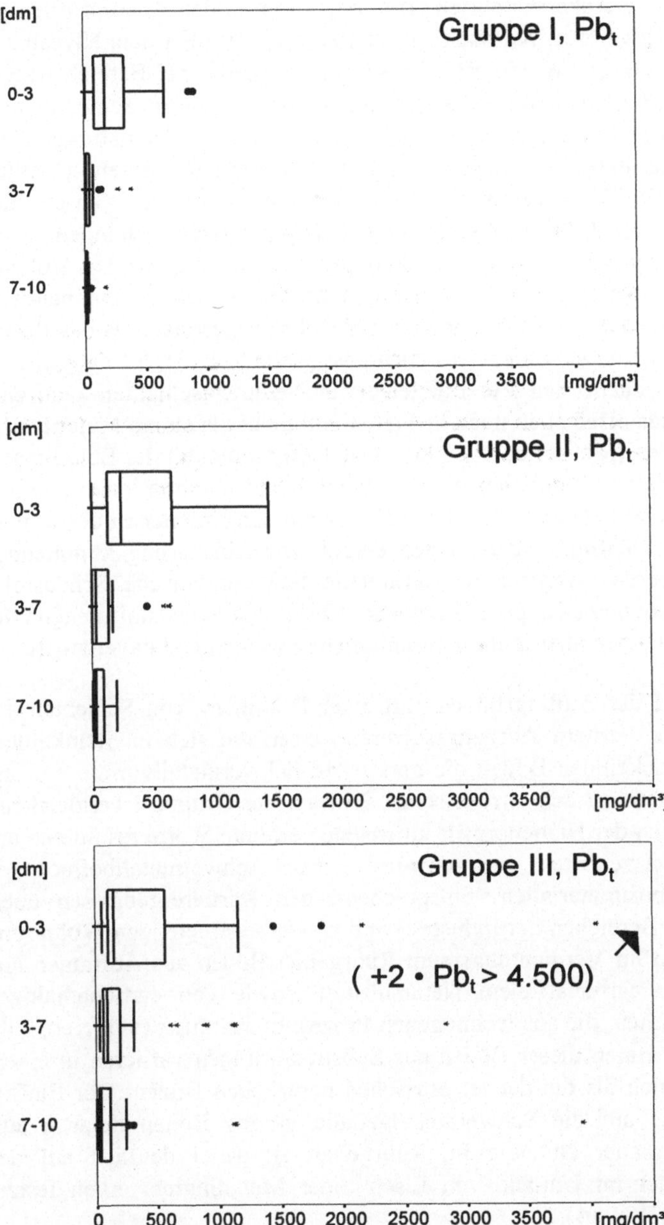

Abb. 4.13. Variation der königswasserlöslichen Bleimengen von Profilen verschiedener Nutzung und Substratzusammensetzung [mg/dm³]

Bereits innerhalb der Gruppe I, der naturnahen sowie tiefgründig bearbeiteten Böden treten erhebliche Unterschiede auf. Die niedrigsten Schwermetallvorräte wurden auf Wald- und Ackerstandorten ermittelt, wobei in den Ackerprofilen im Oberboden meist Schwermetallvorräte festzustellen sind, die über dem Niveau der Waldböden liegen. Da die Waldprofile im sehr stark sauren pH-Bereich liegen, was eine erhöhte Metalllöslichkeit bedingt, kann die reduzierte Schwermetallmenge in den Mineralbodenhorizonten auch als ein Resultat der naturgemäßen Schwermerallauswaschung auf diesen Standorten angesehen werden. Deutlich höher sind bereits die Schwermetallvorräte in den innerstädtischen Gärten oder Grünanlagen, die durch Mineraldüngung oder Komposte bzw. technogene Substrate (z.B. Hausbrandasche) oder Partikelimmissionen umgebender Hütten-, Zechen- oder Verkehrsareale einen Elementinput erfahren haben. Höchst belastete natürliche Böden wurden in den Auenböden der Ruhr festgestellt, was das Resultat einer langen montanindustriellen Geschichte ist (Tabelle 4.13). Infolge der teils großen Mächtigkeit der in den Auen abgelagerten Sedimentschichten kann eine Belastung mit Schadstoffen auch noch in Tiefen von mehr als einem Meter häufig nachgewiesen werden (Meuser et al. 1995) . Die Tiefgründigkeit der Belastung in diesen Böden ist dadurch deutlich größer als bei Schadstoffimmissionen über die Atmosphäre. Durch verbesserte Rückhaltemaßnahmen der Einleiter ist der weitere Schadstoffinput rückläufig, so daß in den derzeit zur Ablagerung kommenden Sedimenten z.T. bereits weniger Schwermetalle bzw. organische Schadstoffe gemessen werden können (Koppe u. Kornatzki 1991). Die Schadstoffmengen der älteren Sedimente bleiben aber in ihrer Gesamtmenge weitgehend unverändert

In der Gruppe II der Auftragsböden, mit einer Dominanz von Schichten aus carbonatfreiem oder -armem Ausgangssubstrat weisen die sich in Steinkohlenbergematerial entwickelnden Böden die geringsten Schwermetallvorräte auf und sind noch am ehesten mit den terrestrischen Profilen der Gruppe I vergleichbar. Im Oberbodenbereich der Haldenprofile auftretende erhöhte Werte resultieren aus zur Abdeckung verwendeten und teilweise bereits schwermetallbefrachteten Boden- und Kompostmaterialien. Entsprechend den Kartierergebnissen überwiegen aber in den Bereichen der Industrie- und Gewerbegebiete, den Wohn- und Infrastrukturanlagen im Verdichtungsraum Ruhrgebiet Böden aus Aufträgen und Umlagerungen von carbonatfreiem Natursubstrat, sowie von carbonathaltigen oder -freien Materialien, die aus technogenen Prozessen stammen (vgl. Kap. 3.4). Die Schwermetallmengen dieser Böden aus Substrataufträgen variieren in einem weit größeren Bereich als die der terrestrischen natürlichen Böden. Der Einfluß der Schwerindustrie auf die Schwermetallgehalte in den Böden derartig aufgebauter Areale urbaner Nutzung im Ruhrgebiet ist dabei deutlich auf den Firmengeländen oder im Umland von Eisen- oder Metallhüttenwerken festzustellen (vgl. Abb. 4.12-4.14).
Die Schwermetallbelastung ist dort teilweise über belastete Schlacken oder Aschen in die (Auftrags-)Böden der Industrieanlagen gelangt. In Schichten ohne Aschenbeimengungen führen höhere Bergematerial- und Bauschuttanteile meist zu einer verringerten SM-Belastung der Feinerde. Ein weiterer Schwermetalleintrag erfolgte auch in erheblichem Maße über Staubemissionen von den Hüttenwerken (Spona u. Radtke 1990) bzw. über von den unabgedeckten Reststoff-

halden ausgewehte Partikel, welche in die Oberböden der Region eingetragen wurden.

Lokal können darüber hinaus durch natürliche Erosions- und Akkumulationsvorgänge erhebliche Schadstoffmengen umgelagert werden. So finden sich in der Regel am Fuße von Aufhaldungen durch Wassererosion abgeschlämmte Schadstoffe im Oberbodenbereich wieder (z.B. am Fuße der Knappenhalde in Oberhausen). Besonders anfällig für die Abschlämmung belasteter Feinmaterialien sind Haldenflankenbereiche, die nur eine unzureichende Vegetationsdecke aufweisen. Teilweise ist die Ausbildung einer geschlossenen Vegetationsdecke dadurch behindert, daß die Haldenflanken zu steil geschüttet und verhärtet sind. Neben der Wassererosion ist auch der Austrag von schadstoffhaltigem Feinmaterial durch Ausblasungen zu beobachten, wobei vorwiegend auf den Leeseiten der Halden diese Stoffe an der Bodenoberfläche zur Ablagerung kommen. Je nach biologischer (Bodenwühler) oder anthropogener Aktivität (Leitungsbau, gärtnerische Bodenbearbeitung etc.) bzw. Löslichkeit des Schadstoffs erfolgt eine weitere Translokation der zunächst nur an der Bodenoberfläche vorliegenden Belastung und es kommt zu einer tieferreichenden Schadstoffverlagerung im Bodenprofil.

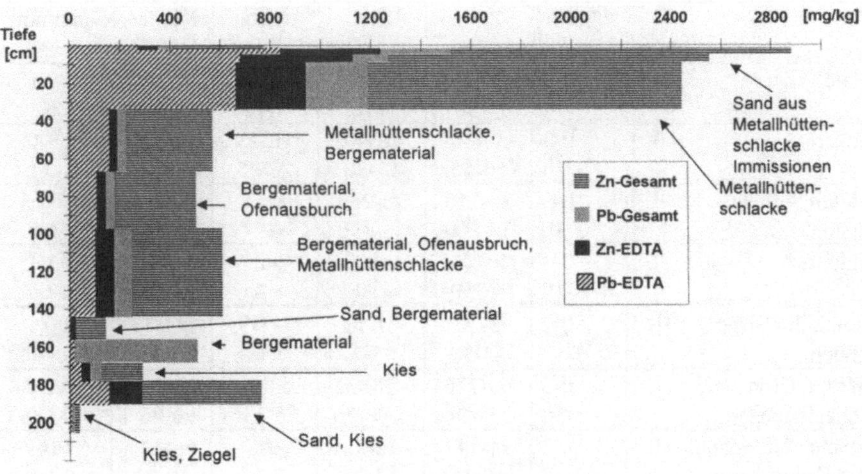

Abb. 4.14. Verlauf der Blei- und Zinkbelastung in einem Stadtboden nahe dem Gelände eines ehemaligen Eisenverhüttungskomplexes in Oberhausen

Neben der Untersuchung des Schwermetallgesamtgehaltes, der für eine Abschätzung des Belastungsgrades und des Nachliefervermögens der Böden unerläßlich ist, wurden mit der EDTA-Extraktion (potentiell pflanzenverfügbare Fraktion) sehr unterschiedliche Schwermetallgehalte und Anteile erfaßt. Im Mittel wurden durch den EDTA-Extrakt in den Proben aus den natürlichen und den anthropogen gestalteten Böden aus Substrataufträgen die in Tabelle 4.14 aufgeführten Anteile am Gesamtgehalt extrahiert. Entsprechend der höheren Gesamtgehalte sind auch die absolut potentiell verfügbaren Mengen in den Profilen bei Zink und Blei höher als bei Kupfer, Nickel und Cadmium. Berechnet man aber den prozentualen Anteil der EDTA-löslichen Fraktion in Prozent vom jeweiligen, königswasserlöslichen Elementgehalt, wird deutlich, daß die relative Verfügbarkeit bei Cadmium am höchsten ist. In der Regel nimmt die relative Schwermetallverfügbarkeit in den untersuchten Profilen in der Reihenfolge

$Cd > Pb > Cu \geq Zn > Ni$ ab.

Die Höhe des EDTA-löslichen Schwermetallanteils von der Schwermetallgesamtkonzentration wird anscheinend in den untersuchten Profilen nur zu einem untergeordneten Maße von der Bodenreaktion bestimmt. Ein wesentlich wichtigerer Einflußfaktor in Auftragsschichten ist — v.a. im Umfeld von Eisenhüttenwerken — aber der magnetischen Fe-Anteil der Proben. Dies macht deutlich, daß der potentiell pflanzenverfügbare Kupfer-, Zink-, Cadmium- und Bleigehalt in starkem Maße von den spezifischen Eigenschaften der in den Boden eingebrachten technogenen Substraten bestimmt wird.

Tabelle 4.13. Schwermetallgesamtmengen in der Feinerderaummasse von Profilen verschiedener Nutzung und Substratzusammensetzung des Ruhrgebietes

Nutzungstyp	Gruppe	Tiefe [dm]	Zink	Blei	Nickel	Kupfer	Cadmium
				$[g/m^2$ und Schicht]			
Wald	I	0-3	≈ 20	≈ 30	≈ 4	≈ 4	< 0,1
		> 3-10	≈ 50	≈ 20	≈ 16	≈ 16	< 0,1
Acker	I	0-3	50-80	18-40	10-15	7-12	< 0,3-0,5
		> 3-10	50-55	17-30	20-25	13-15	≈ 0,1
Gärten, Grünanlagen	I	0-3	30-110	30-230	4-11	6-26	0,2-1,3
		> 3-10	30-200	30-130	4-17	1-16	< 0,8
Ruhrauen	I	0-3	≈ 400	≈ 100	≈ 25	≈ 140	≈ 1,7
		> 3-10	≈ 350	≈ 100	≈ 45	≈ 60	≈ 1,0
Steinkohlebergehalden	II	0-3	3-30	1-11	< 1-3	< 1-17	< 0,1
		> 3-10	15-50	< 5-25	< 6-16	5-25	< 0,1-0,2
Gärten, Grün- und Freizeitanlagen	II	0-3	60-110	< 30-55	3-4	5-12	< 0,1-0,4
		> 3-10	25-130	< 10-70	5-13	6-26	< 0,1-0,3
Areale der Zechen und Kohlechemie	II	0-3	14-112	22-52	2-6	6-43	< 0,1
		> 3-10	110-155	17-25	5-16	10-21	< 0,1-0,6
Bahnverkehrsflächen	II	0-3	50-810	60-400	12-28	17-70	0,2-2,7
		> 3-10	35-390	45-280	16-29	18-57	< 0,1-1,0
Eisenhüttenindustrie	II	0-3	435-680	240-315	12-16	12-59	1,5
		> 3-10	464-188	74-220	7-15	4-50	< 0,5-1,2
Gärten, Grün- und Freizeitanlagen	III	0-3	42-930	20-175	5-11	8-56	0,1-1,0
		> 3-10	53-213	25-320	3-31	9-107	0,1-0,8
Bahnverkehrsflächen	III	0-3	80-513	28-307	9-64	86-186	0,5-1,9
		> 3-10	64-178	29-191	9-52	18-125	0,1-0,9
Areale der Zechen und Kohlechemie	III	0-3	22-330	9-1.010	4-33	2-12	0,1-0,4
		> 3-10	72-680	40-960	28-139	9-43	0,2-3,9
Eisenhüttenindustrie	III	0-3	25-95	12-70	4-6	2-5	< 0,1-0,3
		> 3-10	14-69	12-53	2-17	2-6	< 0,1-0,1

Bei der Untersuchung der mobilen, d.h. NH_4NO_3-extrahierbaren Schwermetalle ergab sich, daß in der Mehrzahl der Proben — im Gegensatz zu Zink und Blei — bei den Elementen Kupfer, Nickel und Cadmium die eluierten SM_{mob}-Konzentrationen unter den Konzentrationen der Prüfwerte liegen, die in der dritten Verwaltungsvorschrift des Umweltministeriums zum Bodenschutzgesetz Baden-Württemberg über die Ermittlung und Einstufung von Gehalten anorganischer Schadstoffe im Boden (VwV-Ba.-Wü. 1993) für das Schutzgut Bodensickerwasser im Ober- als auch im Unterboden festgesetzt sind.

Naturnahe, nur geringfügig urban-industriell veränderte Böden (im belüfteten, oxischen Bereich) zeigen sehr häufig — trotz vergleichsweise niedrigerem Schwermetallvorrat — aufgrund ihrer fortgeschritteneren Versauerung hohe mobile Zink- und Bleigehalte. In den Proben aus semiterrestrischen Profilen der Ruhraue, konnten erhebliche Mengen an mobilen Schwermetallen nachgewiesen werden.

Tabelle 4.14. Medianer Anteil der potentiell pflanzenverfügbaren Schwermetallmengen am Gesamtgehalt in der Feinerderaummasse von Profilen verschiedener Nutzung und Substratzusammensetzung des Ruhrgebietes

Nutzungstyp	Gruppe	Tiefe [dm]	Zink	Blei	Nickel	Kupfer	Cadmium
				[g/m² und Schicht]			
Wald	I	0-3	5	52	7	24	
		> 3-10	3	17	5	12	
Acker	I	0-3	25	51	6	38	73
		> 3-10	2	14	4	13	54
Gärten, Grünanlagen, div. Nutzung	I	0-3	28	52	10	27	61
		> 3-10	15	44	7	20	23
Ruhrauen	I	0-3	18	24	13	29	45
		> 3-10	16	20	9	25	48
Steinkohlebergehalden	II	0-3	15	20	15	27	45
		> 3-10	9	18	16	16	24
Gärten, Grün- und Freizeitanlagen	II	0-3	34	52	7	32	69
		> 3-10	20	40	7	23	58
Areale der Zechen und Kohlechemie	II	0-3	26	25	22	48	
		> 3-10	42	20	22	50	
Bahnverkehrsflächen	II	0-3	19	29	5	18	47
		> 3-10	18	35	9	20	43
Eisenhüttenindustrie	II	0-3	26	39	8	23	29
		> 3-10	12	23	4	25	31
Gärten, Grün- und Freizeitanlagen	III	0-3	22	34	28	8	42
		> 3-10	18	38	24	8	50
Bahnverkehrsflächen	III	0-3	15	17	11	3	21
		> 3-10	14	32	17	5	31
Areale der Zechen und Kohlechemie	III	0-3	18	31	21	21	41
		> 3-10	19	31	25	17	49
Eisenhüttenindustrie	III	0-3	9	16	7	1	20
		> 3-10	9	14	7	1	9

84

Während bei versauerten Böden der Gruppe I bis in den Unterboden teilweise durchgehend mobile SM-Fraktionen (v.a. Zink) nachweisbar sind, konnten selbst in stärker SM-belasteten Auftragsschichten der Böden von Gruppe II und III dagegen erhöhte mobile Gehalte nur vereinzelt gemessen werden. Durchbrüche von mobilem Zink und Blei in das Liegende der untersuchten Böden anthropogener Aufträge konnten anhand der Meßwerte nicht festgestellt werden. Diese Merkmale, die in den meisten der hier vorgestellten Böden aus Substrataufträgen festgestellt werden konnten, lassen annehmen, daß unter den derzeitigen Gegebenheiten ammoniumnitratlösliche Pb-, Cu-, Ni- und Cd-Verbindungen nur lokal auftreten und dann in tieferliegenden Schichten bzw. Horizonten immobilisiert werden. Die Untersuchungen machen somit deutlich, daß die Gefahr der Verlagerung von Schwermetallen auf versauerten, weitgehend naturnah erhaltenen, urbanen Böden in tiefere Bodenbereiche höher sein kann als in einer Vielzahl von Böden aus Substrataufträgen mit technogenem Ausgangssubstrat urban-industriell veränderter Areale.

Eisenoxide haben in Böden neben Humus und Ton eine bedeutende Rolle als Adsorbent für Schwermetalle inne. In den Böden sind Eisenoxide entweder gleichmäßig verteilt oder treten auch akkumuliert in Form von Flecken und Konkretionen auf. In der Regel liegen die pedogenen Oxide nicht in reiner Form, sondern als Fe-Mn- bzw. Mn-Fe-Mischoxide vor (vgl. Abb. 4.15a/b). Unterzieht

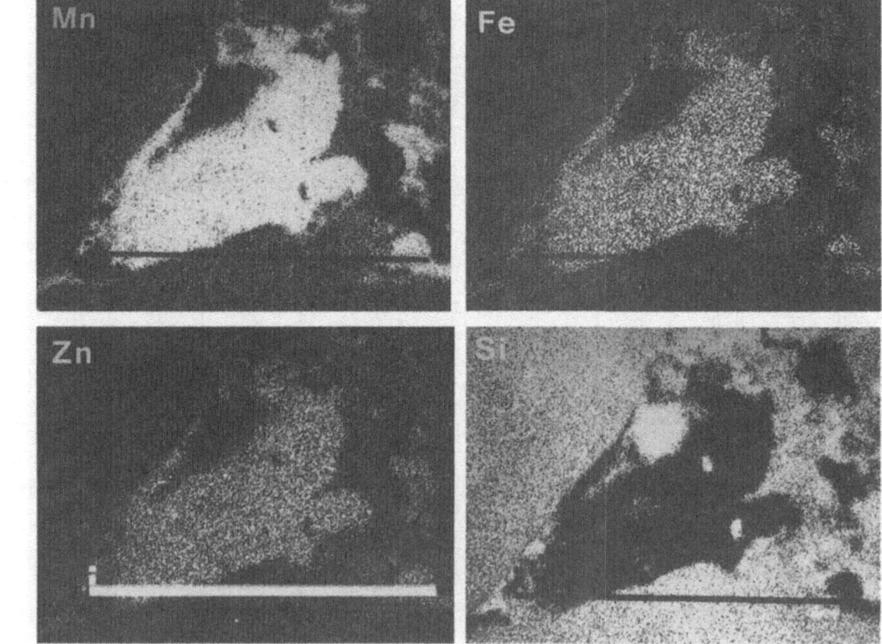

Abb. 4.15: Elementverteilungsbilder zur **a** Zinkanreicherung und **b** Schwermetallanreicherung in einer Mn-Fe-Konkretion eines geogen mit Schwermetallen belasteten Boden

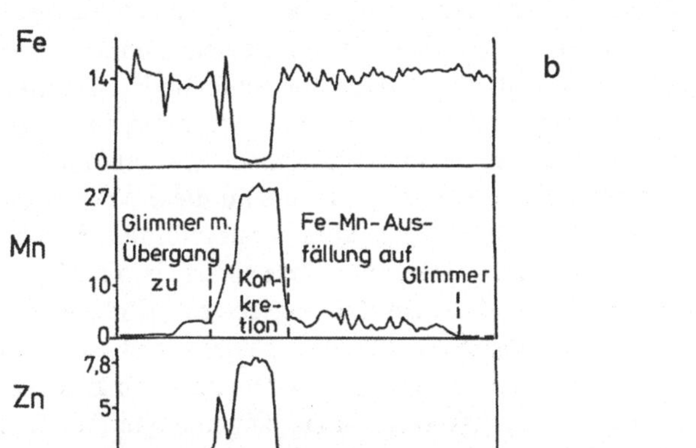

Abb. 4.15b.

man Bodenproben urban-industriell überformter Böden des Ruhrgebietes den im Rahmen der Bodenkunde üblichen naßchemischen Standardmethoden, so treten schnell in den Datensätzen zum Eisenoxidstatus Anomalien auf (Burghardt 1993). Deren Ursache konnte lange nicht erklärt werden. Dies ließ vermuten, daß in diesem Raum noch andere Eisenoxide dominieren, als üblicherweise in Profilen mit natürlicher Bodenentwicklung vorkommen. Röntgenbeugungsanalysen belegten daraufhin, daß in Böden aus Substrataufträgen aus dem montan-industriell geprägten Ballungsraum Ruhrgebiet auch magnetische Fe-Verbindungen vorliegen. In natürlich erhalten gebliebenen Böden sind magnetische Verbindungen v.a. auf die Minerale Magnetit ($Fe^{(II)}Fe^{(III)}_2O_4$) und Maghemit ($\gamma\text{-}Fe_2O_3$) zurückzuführen. Die natürlichen „Hintergrundgehalte" liegen aber auf einem sehr niedrigen Niveau, d.h. zumeist betragen diese deutlich weniger als ein Promill.

Bei industriellen Verbrennungsprozessen mit hohen Temperaturen (> 800 °C) entstehen Eisenverbindungen, die magnetische Eigenschaften angenommen haben. Diese magnetischen Eisenoxidverbindungen stimmen in ihren Eigenschaften, Form und Aussehen nicht mit den natürlich in Böden vorkommenden Fe-Oxidmineralen überein (vgl. Abb. 4.15a mit 4.16). Als Folge der industriellen Flugstaub-

86

immissionen lassen sich Anreicherungen von ferromagnetischen Verbindungen in nahezu allen mineralischen Böden und Mooren der Erde oberflächennah nachweisen. In ungestört erhalten gebliebenen Waldböden des Ruhrgebiets sind die ferromagnetischen Komponenten zumeist auf die Auflagehorizonte und die ersten, wenigen Zentimeter der Mineralbodenhorizonte beschränkt. Meist liegen bereits nach ca. 0,5 dm die Konzentrationen an ferromagnetischen Fe-Verbindungen unter 0,01% (Abb. 4.17). In ackerbaulich genutzten Böden sind diese Verbindungen gleichmäßig im Ap-Horizont eingemengt. Die urban-industriell überformten Böden des Ruhrgebiets zeigen ein von dem Verlauf in naturnah erhalten gebliebenen Böden vollkommen abweichendes Bild. In Böden aus Substrataufträgen werden die Hintergrundgehalte weit überschritten, außerdem schwanken die Gehalte von Schicht zu Schicht teilweise erheblich (Abb. 4.17). Extrem hohe magnetische Eisenkonzentrationen zeigen in die Auftragsböden häufig eingemengte Substrate aus der Montanindustrie (z.B. Aschen mit über 300 g/kg oder Gichtgasstäube mit über 100 g/kg). Höchste magnetische Gehalte wurden z.B. an Auftragsböden in Oberhausen mit 168 g/kg, bzw. Duisburg mit 123 g/kg gemessen.

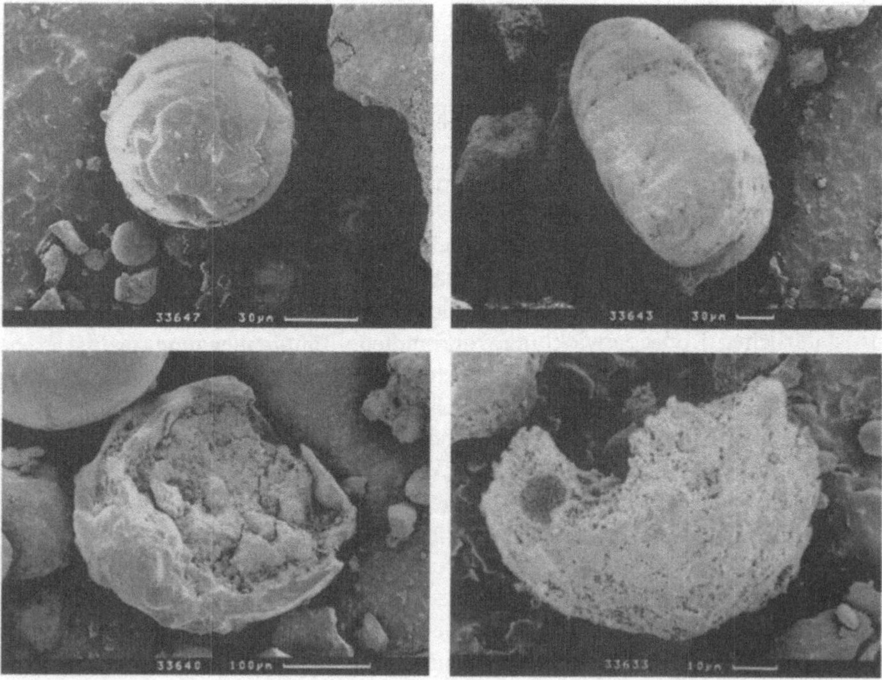

Abb. 4.16. Elektronenmikroskopische Aufnahmen isolierter magnetischer Eisenverbindungen aus Bodenproben urban-industriell veränderter Böden des Ruhrgebiets

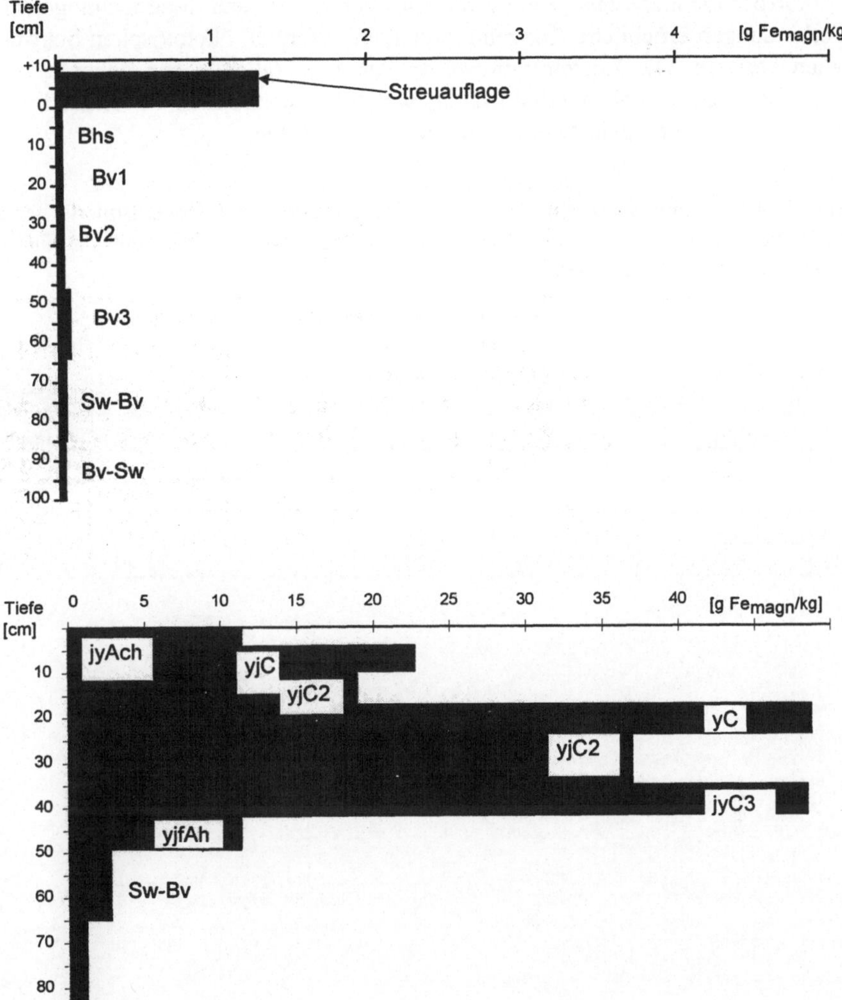

Abb. 4.17. Variation der Gehalte an magnetischen Fe-Verbindungen (Fe_{magn}) in einem ungestört erhalten gebliebenen Waldboden der Stadt Essen (*oben*) und eines Auftragbodens aus Asche und Schutt über Löß einer Industriebrache im Essener Nordviertel (*unten*)

Mikrosondenpunktanalysen (Tabelle 4.15) belegen, daß diese technogenen Fe-Verbindungen erhebliche Konzentrationen an potentiell ökotoxischen Schwermetallen besitzen. Die Konzentrationen an Schwermetallen liegen dabei in weiten Bereichen häufig weit oberhalb derer, welche in natürlichen Fe-Oxidakkumulationen schwermetallbelasteter Böden gemessen wurden.

Tabelle 4.15. Schwermetallkennwerte der Feinerdefraktion und daraus isolierter ferromagnetischer Partikel aus der jylC-Schicht eines Auftragsboden mit Bauschutt-, Aschen- und Kohleanteilen aus Oberhausen

	< 2 mm ∅, Königswasser-löslich [mg/kg]	Mikrosondenpunktmessungen an Einzelpartikeln					
		1-10 µm ∅ (n = 888) (= Lungengängige Staubfraktion)				10-100 µm ∅ (n = 112)	
		Mittelwert [mg/kg]	Max. Wert	N > 1.000 [mg/kg]	Standard-abweich.	Mittelwert [mg/kg]	Standard-abweich.
Cd	4,0	3.300	2,4%	699	3.310	3.940	3.860
Cu	178	4.020	2,4%	808	2.410	1.470	2.910
Zn	1.720	10.900	27%	749	24.700	13.200	29.700
Pb	767	15.110	31%	728	17.900	11.100	15.400

4.8
Klassifizierung urban-industriell veränderter Böden als Pflanzenstandort

Als wichtige Boden- bzw. Substrateigenschaften, die das Wachstum der Pflanzen beeinflussen, werden die Tabelle 4.16 aufgeführten Punkte angesehen.

Tabelle 4.16. Bodeneigenschaften zur Kennzeichnung der Standortmerkmale und Bewertungsgrundlagen zur Ableitung der Eignung von Stadtböden als Pflanzenstandort

Bodeneigenschaft	Kennzeichnung eines fruchtbaren Bodens	Bewertungsgrundlage
1. Durchwurzelbarkeit	Große Profiltiefe; ausreichende Wurzelzone und großes Bodenvolumen für Nährstoffaufnahme	Physiologische Gründigkeit (Wp): Wurzeltiefgang gemäß Feldaufnahme, Bewertung nach AG Bodenkunde (1994)
2. Textur / Struktur (Wasserhaushalt)	Mittlere Körnung und gute Struktur als wichtige Faktoren für günstige Porenverteilung bestimmen Durchwurzelbarkeit, Wasserdurchlässigkeit und -speicherung sowie Durchlüftung	Nutzbare Feldkapazität im durchwurzelten Raum (nFKWe): Ableitung aus Bodenart und Skelettgehalt, Bewertung nach AG Bodenkunde (1994)
3. Bodenreaktion	Optimaler pH-Wert hat Einfluß auf Struktur des Bodens und die Verfügbarkeit vieler Nähr-/ Schadstoffe	Ökologische Gruppierung nach Pufferbereichen entsprechend Ulrich (1981)
4. Nährstoffgehalt	Hoher Gehalt an Nährstoffreserven und optimaler Gehalt an mobilen Nährstoffen bedingen gute Versorgung der Pflanze mit verfügbaren Nährstoffen	N- und P-Gesamtgehalte sowie potentiell pflanzenverfügbare P-, K- und Mg-Gehalte, Bewertung s. Kap. 4.3
5. Humusgehalt/ -zusammensetzung	Relativ hoher Gehalt an nährelementreichem, sorptionsstarkem Humus hat günstigen Einfluß über Struktur, Sorption, Nährstoffe, Bodenleben	Aufgrund mangelnder Trennschärfe zwischen Humus und Kohle durch die Labormethoden wurde keine Bewertung durchgeführt
6. Sorptionseigenschaften	Hohe Sorptionsfähigkeit bedingt starke Speicherung von Nährstoffen in lockerer Bindung: Pufferung gegen Überangebot, Schutz vor Auswaschung	Potentielle Kationenaustauschkapazität, Bewertung s. Kap. 4.4
7. Gehalt an schädlichen Stoffen	Abwesenheit anorganischer und organischer toxischer Stoffe	Schwermetallgesamtgehalt, Bewertung auf der Basis der nutzungs- und schutzgutbezogenen Orientierungswerte für Schadstoffe in Böden, Schutzgut Mensch (BW I-III), nach Eikmann u. Kloke 1993)

Tab. 4.17. Klassifikationsschema zur Eignung von Stadt- und Industrieböden des Ruhrgebietes (ohne kapillaren Grundwasseranschluß, ohne Meliorationsmaßnahmen) als Pflanzenstandort (Hiller u. Burghardt 1997)

Klasse I: weitgehend uneingeschränkte Eignung als Pflanzenstandort		
	0 - 3 dm	**> 3 - 10 dm**
Pot. Durchwurzelbarkeit	Mittel bis tief	
nFKWe	Vorwiegend mittel bis hoch	
pH_{H2O}	6 - 6,5	6,5 - 5,5
Nährstoffgehalte	Hohe und verfügbare Vorräte	Hohe und verfügbare Vorräte
KAK	Hoch	Vorwiegend mittel bis ausreichend
Schwermetalle	Unter BW I	

Klasse II: frischer Pflanzenstandort, weitgehend uneingeschränkte Eignung		
Pot. Durchwurzelbarkeit	Mittel bis tief	
nFKWe	Vorwiegend mittel	
pH_{H2O}	6 - 6,5	6,5 - 5,5
Nährstoffgehalte	Hohe und verfügbare Vorräte	Hohe und verfügbare Vorräte
KAK	Hoch	Vorwiegend mittel bis ausreichend
Schwermetalle	Zumeist > BW I und < BW III	

Klasse III: ausreichende Standorteignung für vorwiegend trockenstreßtolerante Begrünung		
Pot. Durchwurzelbarkeit	Mittel bis tief	
nFKWe	Meist gering	
pH_{H2O}	7 - 5,0	7 - 5,0
Nährstoffgehalte	Mittlere bis geringe Verfügbare Vorräte	Mittlere bis geringe verfügbare Vorräte
KAK	Mittel bis gering	Mittel bis gering
Schwermetalle	Vorwiegend > BW III	

Klasse IV: starke Standortrestriktionen, primärer Standort für Pioniergesellschaften		
Pot. Durchwurzelbarkeit	Vorwiegend flach	
nFKWe	Gering bis sehr gering	
pH_{H2O}	Vorwiegend > 5,0	< 7 - 5,0
Nährstoffgehalte	Mittlere verfügbare Vorräte	Mittlere verfügbare Vorräte
KAK	Gering	Gering bis mittel
Schwermetalle	Zumeist > BW III	

Klasse V: sehr starke Standortrestriktionen, teilweise auch für Pioniergesellschaften		
Pot. Durchwurzelbarkeit	Keine bis flach	
nFKWe	Gering bis sehr gering	
pH_{H2O}	z.T. > 9; i.R. < 5 - 3,5	< 5 - 3,5
Nährstoffgehalte	Geringe verfügbare Vorräte	Mittlere bis geringe verfügbare Vorräte
KAK	Gering	Gering
Schwermetalle	Zumeist > BW III	

Wenngleich bei den Böden urban-industrieller Ballungsgebiete nicht, wie in agrarisch genutzten Räumen, die Leistungsfähigkeit des Standorts zur Erzeugung pflanzlicher Substanz im Vordergrund des Interesses steht, so haben die nachfolgend genannten Punkte weiterhin grundsätzliche Gültigkeit.

Demzufolge dienen als Basis zur Ableitung der Bodeneigenschaften von Stadtböden die in Tabelle 4.16 aufgeführten Feld- und Labordaten. Auf der Grundlage der bewerteten Bodeneigenschaften von 38 urban-industriell veränderten Bodenprofilen des Ruhrgebiets wurde ein 5 Klassen umfassendes Klassifikationsschema entwickelt (Tabelle 4.17). Die Umsetzung des Klassifikationsschemas auf das o.g. Profilkollektiv ergibt folgende Verteilung:

- Von den untersuchten 38 urban-industriell veränderten Bodenprofilen kann aufgrund der bestehenden Schwermetallakkumulation kein Profil der **Klasse I** zugeordnet werden. Trotzdem ist die Ausweisung einer solchen Klasse sinnvoll. Kommunen gehen immer mehr dazu über, im Rahmen von Umnutzungen oder Wiederherstellungen von Altablagerungen, Verkehrsflächen- oder Infrastrukturflächen bzw. (Spielplatz-)Sanierungen diese Areale mit unbelasteten Bodenschichten zu überdecken. Dabei wird der künftige Wurzelraum der Begrünung häufig noch mit Komposten versehen.

- In **Klasse II** finden sich vorwiegend Bodenprofile, die aus Grünflächen von Wohnanlagen der 50er Jahre stammen. Die Auftragsschichten enthalten vorwiegend carbonatfreies oder -armes Ausgangssubstrat aus umgelagertem Boden- bzw. Bergematerial mit Bauschuttbeimengungen. Die Schwermetallanreicherungen sind weitgehend immobil.

- Die Auftragsschichten der Profile, welche in **Klasse III** eingeordnet werden, enthalten zum überwiegenden Anteil carbonathaltiges bzw. alkalisierendes Skelettmaterial bzw. solches ist mit einer Bodenschicht abgedeckt. Der Wurzeltiefgang ist dort meist gleichzusetzen mit der Mächtigkeit des Bodenauftrages. Auf stillgelegten Bahnanlagen wird durch die Schotterung v.a. die Wasserspeicherkapazität, der Nährstoffvorrat und die Sorptionskapazität deutlich herabgesetzt. Die sukzessive Verfüllung der Skelettzwischenräume mit Aschen, Stäuben und Natursubstrat auf alten Bahnanlagen begünstigt die Ansiedlung einer an Trockenheit angepaßten Vegetation.

- Durchgehend mangelhaftes Wasserspeichervermögen infolge des hohen Skelett- und Sandgehaltes sowie eine starke Akkumulation von Schwermetallen ist für die Böden der **Klasse IV** charakteristisch. Weite Bereiche der Halden, Zechen- und Eisenhüttenbrachen, die nur eine flache oder keine Überdeckung von Bergematerial, Bauschutt, Aschen oder Schlacken besitzen, sind zunächst nur von Pionierarten besiedelbar. In diese Klasse sind auch aufgelassene Bahnanlagen einzuordnen, die nach 1970 in Betrieb genommen und auf denen keine kohlegefeuerten Lokomotiven gefahren wurden. Diese Schienentrassen besitzen vorwiegend keine bzw. erst sehr geringe Feinsubstratverfüllung der Schotterzwischenräume.

- Die Standorte der **Klasse V** sind in der Mehrzahl aus carbonathaltigem bzw. alkalisierendem Ausgangssubstrat aufgebaut, das häufig verfestigt ist (z.B. Bolzplätze, ehemalige wassergebundene Wegflächen, Fundamentbereiche etc. oder Areale von Kokereien mit ausgelaufenen, polymerisierten Teerölen. Eine weitere Ursache ist häufig das Fehlen von Feinsubstrat (z.B. auf jungen Gleisanlagen), was eine erfolgreiche Keimung bzw. Wasser- und Nährstoffspeicherung verhindert. Erste Pioniervegetation solcher Standorte sind Moose und Flechten.

5 Gefährdungspotentiale von Stadtböden

5.1
Gefährdungspfad Boden–Mensch (Direktkontakt)

Der Direktkontakt Boden–Mensch erlangt vornehmlich bei Kindern im Alter von 2-6 Jahren Bedeutung. Das ausgeprägte Hand-zu-Mund-Verhalten dieser Altersgruppe führt dazu, daß belastetes Bodenmaterial oral aufgenommen werden kann. Die Spielplatzerlasse in Nordrhein-Westfalen (Kramer et al. 1990) und Bayern (AG Umwelthygiene 1994) gehen bei der humantoxikologischen Bewertung von einer Bodeningestion von 1 g/Tag aus. Zu bedenken ist jedoch, daß auf sehr stark belasteten Standorten Fragen akuter Toxizität auftreten können, wenn hohe, einmalige Bodenaufnahmen von bis zu 30 g stattfinden. Das Problem der oralen Bodenaufnahme von Kleinkindern betrifft primär die obersten 35-40 cm räumlich eng gefaßter Spielanlagen. Die Sandkörner der Sandkästen sind dabei weniger bedeutungsvoll als die daran angrenzenden Teilflächen, da der kontinuierlich auszutauschende Quarzsand keine Belastungen aufweist. Die Problematik der oralen Bodenaufnahme kann jedoch nicht auf Spielanlagen reduziert werden, da auch andere Flächen (Kindergärten, Schulgelände, Gärten) stark von Kleinkindern frequentiert werden. Außer durch das Schadstoffpotential im Boden existiert bei einigen technogenen Substraten auch eine Gefahrenquelle durch das Substrat selbst (Verletzungsgefahr z.B. durch scharfkantige Substrate).

Besonders bei den Nutzungstypen Bolz- und Sportplätze ist als zweiter Weg der Schadstoffaufnahme das Einatmen von aufgewirbeltem feinkörnigen Bodenmaterial zu nennen. Dabei ist zu bedenken, daß das Material der Deckschicht mit abnehmender Korngröße nicht nur einer stärkeren Verdriftung unterliegt, sondern auch aufgrund der zunehmenden Sorptionsmöglichkeiten stärker mit potentiell toxischen Stoffen belastet ist. Problemgruppen sind Kinder, Jugendliche und Erwachsene.

Als dritte Variante des Direktkontaktes muß der Hautkontakt mit belastetem Bodenmaterial genannt werden. Über diese Möglichkeit, insbesondere über das allergene Potential des Bodens durch einige Schadstoffe wie Cr und Ni, liegen bislang relativ wenige Erkenntnisse vor.

Die humantoxikologischen Bewertungen richten sich nach der im Körper stattfindenden Absorptionsrate, da toxische Stoffe z.T. auch körpereigen eliminiert bzw. ausgeschieden werden können. Bei der Festlegung der Richtwerte in Nordrhein-Westfalen wurde beispielsweise die maximal zulässige Konzentrationshöhe von Blei im Boden daran orientiert, wann der Blutbleigehalt Werte erreicht, die Veränderungen im Körper verursachen. Tabelle 5.1 stellt für bedeutende Schadstoffe die Gefährdungspotentiale zusammen.

Tabelle 5.1. Gefährdungspotentiale der Schadstoffe für die menschliche Gesundheit (LAGA 1991)

K.A. = Keine Angaben;
Definitionen:
- *Toxizität*: Akute Säugetiertoxizität nach Gefährlichkeitsmerkmalen;
- *Langzeitgefährdungspotential*: Wieviel mg/kg Körpergewicht dürfen täglich maximal aufgenommen werden, um langzeitige Gesundheitsschäden auzuschließen?
- *Cancerogenes Potential*: Wieviel mg/kg Körpergewicht dürfen täglich maximal aufgenommen werden, um nicht mehr als einen Krebsfall/100.000 Einwohner zu riskieren?

Schadstoff	Toxizität	Langzeitgefährdungspotential (duldbare Menge $[mg/kg \cdot d]$)	Cancerogenes Potential (duldbare Menge $[mg/kg \cdot d]$)
Arsen	Giftig	10^{-3}	10^{-6}
Blei	Mindergiftig	10^{-4}-10^{-6}	Nicht bekannt
Cadmium	Mindergiftig/ giftig	10^{-4} (oral); 10^{-6} (inhalativ)	10^{-7}
Chrom	Giftig (als Cr VI)	10^{-3} (inhalativ)	10^{-7}
Kupfer	Mindergiftig	10^{-2}	Nicht bekannt
Nickel	K.A.	10^{-3}	10^{-6} (inhalativ)
Quecksilber	Sehr giftig	10^{-4} (oral); 10^{-5} (inhalativ)	Nicht bekannt
Zink	Keine	10^{-1} (oral); 10^{-3} (inhalativ)	Nicht bekannt
Benzo(a)pyren	K.A.	K.A.	10^{-7}-10^{-8}
Σ PAK	K.A.	K.A.	10^{-7}
Σ PCB	Keine	10^{-3}	10^{-4}-10^{-6}

5.2
Gefährdungspfad Boden–Pflanze–Mensch

Der Gefährdungspfad Boden–Pflanze–Mensch ist auf denjenigen Flächen von Bedeutung, auf denen ein Nutzpflanzenanbau stattfindet. Dies gilt in den urban-industriellen Verdichtungsräumen, außer für landwirtschaftliche Nutzflächen v.a. für Kleingärten, Grabeländer, Schulgärten und Hausgärten, die nicht ausschließlich als Ziergärten Verwendung finden. Auswertungen von Essener Kleingartenanlagen ergaben beispielsweise, daß durchschnittlich 25 % der Gartengesamtflächen für Gemüse- und 13 % für Obstanbau Verwendung finden.
Unabhängig von einer möglichen Kontamination der Ernteprodukte entscheidet auch ihre küchenmäßige Aufarbeitung über eine Schadstoffinkorporation beim Menschen. Staubförmig eingetragene Schadstoffe können an rauhen Blattober-

flächen anhaften bzw. belastetes Bodenmaterial in der Rhizodermis derjenigen Kulturpflanzen, deren Ertragsorgane unter der Bodenoberfläche wachsen, angelagert sein. Durch Schälen und Reinigen mit Wasser wird das Belastungspotential in aller Regel erheblich reduziert.

Die Verfügbarkeit von Metallen wird durch die Konzentration der Ionen in der Bodenlösung sowie den Gehalt metallorganischer Komplexe und austauschbar gebundener Ionen bestimmt. Als primär entscheidender Verfügbarkeitsparameter ist der pH-Wert des Bodens zu nennen. So beginnt die Mobilisierbarkeit und Pflanzenverfügbarkeit bei den Elementen Cd und Zn < pH 6,5, bei Ni < pH 5,5 und bei Cu, Cr und Pb < pH 4,5. Arsen weist bei steigendem pH oberhalb 4,0 eine tendenziell erhöhte Löslichkeit auf. Die pH-abhängige Mobilität ist am deutlichsten beim Cadmium ausgeprägt. Am Beispiel des Cadmiums, Zinks und v.a. des Bleis läßt sich jedoch auch zeigen, daß die Mobilisierung im alkalischen Milieu > pH 7,5 wieder zunehmen kann, wenn die Metalle in gelöste organische Komplexe übergehen. Der Pflanzentransfer wird außer vom pH-Wert von weiteren Größen bestimmt. Entscheidend sind vielerorts die Gesamtgehalte im Boden, da selbst das als immobil geltende Blei bei hohen Gesamtgehalten von den Pflanzen inkorporiert werden kann. Verfügbarkeitsbestimmende Größen sind der Humusgehalt, die Bodenart (speziell der Tongehalt) sowie der Anteil pedogener (und technogener) Oxide. Bei den meisten Parametern steigt die potentielle Mobilisierbarkeit mit abnehmenden Gehalten. Bei den technogenen Oxiden ist jedoch mit zunehmendem Gehalt mit einer Erhöhung der mobilisierbaren Fraktion zu rechnen (vgl. Kap. 4.7). In den Böden des urban-industriellen Verdichtungsraumes sollten weitere Faktoren bedacht werden, die löslichkeitsbeeinflussend wirken können:

- In Anwesenheit chloridhaltiger Salze (Mineraldünger) kann es bei Cd und Hg zur Bildung löslicher Chloro-Komplexe kommen. Ähnliche Effekte werden auch hohen SO_4-Konzentrationen (z.B. im Abstrombereich von Bergematerialaufhaldungen) in der Bodenlösung zugeschrieben.

- Unter anaeroben Bedingungen in sauerstoffverarmten Böden kann es zu einer Reduktion von Fe- und Mn-Oxiden im Boden kommen, wodurch die in den Oxiden festgelegten Schwermetalle wie Cu, Ni, Pb und Zn in eine mobile und damit pflanzenverfügbare Form übergehen.

- In Anwesenheit hochmolekularer organischer Stoffe, die beispielsweise in schlecht zersetzten Komposten anzutreffen sind, kann es zur Bildung metallorganischer Komplexe kommen, die eine hohe Löslichkeit aufweisen.

- Eine Zunahme der Cd-Löslichkeit bei pH-Werten > 7,5 kann durch die Bildung von $CdCO_3$ in bauschutt- bzw. kalkhaltigen Böden auftreten (Blume u. Hellriegel 1981). Vermutlich lassen sich die Erkenntnisse auch auf andere carbonathaltige technogene Substrate übertragen (Schlacken, Aschen). Die in technogenen Substraten eingebundenen Metalle können durch den Einfluß der Pedogenese (Verwitterung, Entcarbonatisierung) allmählich ein höheres Mobilitätsniveau erreichen. Durch Umkristallisation technogener Oxide können zuvor im Inneren immobilisierte Schwermetalle in leichter zugängliche Bindungspositionen gelangen.

Außer von den Bodeneigenschaften wird der Transfer der Metalle in die Ertragsorgane der Nutzpflanzen stark von der Pflanzenart bestimmt. Es zeigt sich, daß bereits bei Bodengehalten zwischen 1,0 und 2,0 mg/kg und neutralen pH-Werten im Boden bei manchen Gemüsearten die vom ehemaligen Bundesgesundheitsamt vorgegebenen Richtwerte für Cd nicht eingehalten werden konnten. Dies deutet darauf hin, daß einige Arten als Cd-Akkumulator-Pflanzen einzustufen sind (Tabelle 5.2).

Dem Transfer von Polycyclischen Aromatischen Kohlenwasserstoffen (PAK) und Polychlorierten Biphenylen (PCB) in die Nutzpflanzen wurde erst Ende der 80er Jahre Beachtung geschenkt. Nimmt man die vom KVR (1992) vorgeschlagene Schwelle von 1 µg/kg FS für die PAK-Leitsubstanz Benzo(a)pyren als Bezugsgröße – Richtwerte liegen bis heute nicht vor – muß davon ausgegangen werden, daß ein nennenswerter PAK-Transfer in die Pflanze auf belasteten Standorten stattfinden kann. In Anwesenheit von organischen Lösungsvermittlern wie Benzol oder Anthracenöl nimmt die PAK-Mobilität zu. Die Mechanismen, die bei den Metallen bereits beschrieben wurden, d.h. die Möglichkeit der oberflächlichen Ablagerung von PAK-belasteten Stäuben bei Blattgemüse bzw. der unterirdischen Anlagerungen von Bodenpartikeln an die Rhizodermis bei Wurzelgemüsen sowie die Abhängigkeit von den Verfügbarkeitsparametern Humus- und Tongehalt hinsichtlich des Transfers über die Wurzel, gelten auch hier. Eine geringe Aufnahme gilt für 4- oder 5kernige PAK, wohingegen bei den 3kernigen PAK und v.a. beim 2kernigen Naphthalin von einer potentiell höheren Pflanzenaufnahme ausgegangen werden muß. Bisherige Untersuchungen brachten keine absicherbaren Hinweise auf eine Pflanzenaufnahme der PCB.

Tabelle 5.2. Cd-Akkumulationsvermögen unterschiedlicher Nutzpflanzen (Aus Meuser 1996a)

	starke bis sehr starke Anreicherung	mittlere Anreicherung	geringe bis sehr geringe Anreicherung
Blattgemüse	Spinat Mangold Kopfsalat Endivie (?) Grünkohl	(Kopfsalat) (Grünkohl) Chinakohl (Porree) Rosenkohl (?) Rotkohl (?) Wirsingkohl Endivie (?)	Rosenkohl (?) Rotkohl (?) Rhabarber Feldsalat Weißkohl (Grünkohl) Porree
Sproßgemüse	--	Zwiebel (?) Kohlrabi (?) (Blumenkohl)	Blumenkohl Kohlrabi (?) Zwiebel (?) Broccoli
Fruchtgemüse	--	Tomate (?)	Tomate (?) Bohne Erbse Gurke Paprika Melone
Wurzelgemüse und Kartoffel	Schwarzwurzel Mohrrübe (Radieschen) Rote Bete Sellerieknolle (?)	Radieschen Sellerieknolle (?) (Mohrrübe) Kartoffel (?) Rettich	Kartoffel (?) (Rettich)
Küchenkräuter	Petersilie Schnittlauch Sellerieblatt Kresse (?)	Kresse (?)	--
Beerenobst	--	alle Arten (?)	alle Arten (?)
Kern- und Steinobst	--	--	alle Arten
Landwirtschaftliche Nutzpflanzen	Rübenblatt Maisstroh Grünraps (Hafer, Weizen)	Gras Getreidestroh Sojabohnenblatt (Rübenblatt)	Zuckerrübe Kleegras, Rotklee Getreidekorn Maiskorn Reiskorn

Die in Klammern aufgeführten Arten sind als unsicher zu bezeichnen und gehören überwiegend in die Gruppe, in denen sie ohne Klammern aufgeführt sind; die mit (?) gekennzeichneten Arten lassen sich gleichzeitig in 2 Gruppen einordnen.

5.3
Praxisübliche Bewertungsgrundlagen

Zu unterscheiden sind gesetzgeberisch verbindlich festgelegte *Grenzwerte*, von Kommissionen oder Behörden durch Veröffentlichung bekannt gegebene, aber nicht unbedingt rechtsverbindliche *Richtwerte* und von Fachwissenschaftlern oder Behörden vorgeschlagene, nicht rechtsverbindliche *Orientierungswerte*. Bei den Richtwerten gibt es zwar formell keine rechtliche Bindung, auf der Basis bereits vorliegender Urteile des Bundesgerichtshofes (BGH) wird jedoch in der Praxis den landesweiten Richtwerten Folge geleistet. Orientierungswerte sind demgegenüber prinzipiell nicht bindend.

In Abhängigkeit von der jeweiligen Nutzungsstruktur, der Schadstoffart und den Bodeneigenschaften werden unterschiedliche Listen mit Bodenrichtwerten angewendet. Nachfolgend sind die für Nordrhein-Westfalen geltenden Listen exemplarisch dargestellt und kommentiert: Ferner werden Vergleiche mit anderen Bundesländern gezogen.

Zunächst muß festgehalten werden, daß bei der Festlegung der Richtwerte häufig *keine* empirisch erhobenen Kausalzusammenhänge (z.B. Zusammenhang Bleigehalt im Boden / Blutbleigehalt) vorliegen. Die Werte gründen lediglich auf statistischen Wahrscheinlichkeitsberechnungen unter Einbeziehung von Sicherheitsfaktoren. Entsprechend stark streuen die Richtwerte, die Kommissionen in unterschiedlichen Bundesländern erstellten. Dem Worst-case-Prinzip folgend sollten unter den gegebenenen Umständen in der administrativen Praxis vorerst die in den einzelnen Bundesländern erarbeiteten, niedrigsten Vorsorge- und Richtwerte angewandt werden. Inwieweit sich dieser Sachverhalt durch die Einführung des Bundesbodenschutzgesetzes (BBodSchG) verändern wird, ist derzeit (Stand: Dezember 1997) nicht definitiv zu sagen. Dies ist primär davon abhängig, inwieweit das BBodSchG von einem untergesetzlichen Regelwerk – das auch Grenzwerte formuliert – untermauert wird.

5.3.1
Spielanlagen

Für Spielanlagen in Nordrhein-Westfalen gilt der vom Ministerium für Arbeit, Gesundheit und Soziales veröffentlichte Erlaß „Metalle auf Kinderspielplätzen" (MAGS 1990) (Tabelle 5.3). Seine Richtwerte decken nur das Spektrum der humantoxikologisch relevanten Metalle As, Cd, Cr, Hg, Ni, Pb und Tl ab und beziehen sich explizit auf das vegetationsfreie Umfeld von Spielanlagen und auf Sandspielbereiche. Sinnvoll wäre es jedoch, ihn für die gesamte ausgewiesene Spielanlage anzuwenden, da die Bodenflächen nicht als statische Systeme verstanden werden können. So können spätere Umgestaltungsmaßnahmen oder durch Trittbelastung zustande gekommene Vegetationsschäden das Verhältnis vegetationsfreies / vegetationsbedecktes Umfeld nachträglich stören. Die zu betrachtende Bodentiefe beträgt dabei 0-35 cm. Da durch die Vorgänge der Bioturbation oder durch Maßnahmen des Garten- und Landschaftsbaus bzw. Tiefbaus Vermengungen der obersten Bodenlage mit dem Unterboden häufig stattfinden, erscheint jedoch die Tiefe 0-35 cm nicht als ausreichend.

Bei den Richtwerten wird zwischen 2 Ebenen unterschieden. Bei Unterschreitung von Richtwert I ist eine gesundheitsgefährdende Wirkung bei nichtcancerogenen Stoffen auszuschließen, bei cancerogenen und co-cancerogenen Stoffen besteht kein größeres Risiko als das an den Hintergrundwerten orientierte, vorhandene Risiko. Liegt der Wert zwischen R I und R II, besteht auf Dauer ein höheres als das allgemein vorhandene Belastungsrisiko; in einem angemessenen Zeitraum sollte eine Einzelfallprüfung über Notwendigkeit, Art, Umfang und Zeitpunkt von Maßnahmen erfolgen. Bei Überschreitung von R II ist ein Risiko gegeben, bei dem aus Gründen der Gesundheitsvorsorge unverzügliches Handeln empfohlen wird, d. h. der Kontakt zum kontaminierten Boden sollte kurzfristig unterbunden werden (z.B. durch Absperrung). Der Erlaß führt keine organischen Schadstoffe auf. Bodenuntersuchungen aus dem Ruhrgebiet oder Berlin ergaben jedoch, daß besonders die Gruppe der Polycylischen Aromatischen Kohlenwasserstoffe (PAK) von erheblicher Relevanz ist. Aus diesem Grunde wird zur Bewertung organischer Schadstoffe meist als Ergänzung in der kommunalen Praxis die Liste von Eikmann u. Kloke (1993) herangezogen (Tabelle 5.3).

Tabelle 5.3. Erlaß des Ministeriums für Arbeit, Gesundheit und Soziales [mg/kg] (MAGS 1990)

	Standardwert für einzubringenden Spielsand [a]	Richtwert I	Richtwert II
Hauptparameter			
Arsen	10	20	50
Chrom	15	50	250
Blei	20	200	1.000
Cadmium	0,5	2	10
Zusatzparameter			
Nickel	-- [b]	40	200
Quecksilber	– [b]	0,5	10
Thallium	– [b]	0,5	10

[a] Die Sande der Spielbereiche werden nach dem Standardwert Spielsand bewertet.
[b] Die Überprüfung der Hauptparameter wird für die Qualitätskontrolle bei der Einbringung
von Sanden als ausreichend angesehen. Daher erfolgt keine Angabe für die Zusatzparameter.

5.3.2
Gärten und landwirtschaftliche Nutzflächen

Für die verschiedenen Gartentypen (Klein-, Haus- und Schulgärten), die für den Anbau von Nutzpflanzen vorgesehen sind, findet in Nordrhein-Westfalen das „Mindestuntersuchungsprogramm Kulturboden" der ehemaligen Landesanstalt für

Ökologie, Landschaftsentwicklung und Forstplanung (LÖLF) Anwendung (Tabelle 5.4). Die aktuelle Nutzung (Ziergarten oder Nutzgarten) bleibt unberücksichtigt, da die Möglichkeit eines Nutzungswandels besteht. Das Mindestuntersuchungsprogramm bezieht landwirtschaftliche Nutzflächen ausdrücklich ein. Die zu untersuchende Bodentiefe beträgt 10 dm. Das Mindestuntersuchungsprogramm umfaßt die Metalle As, Cd, Cu, Hg, Ni, Pb, Tl und Zn. Die Werte sollen so interpretiert werden, daß bei einer Überschreitung weitere Untersuchungsschritte (erweiterte Bodenanalyse, Pflanzenuntersuchungen) erforderlich werden; Schlußfolgerungen für eine Bodensanierung sind daraus jedoch nicht unbedingt ableitbar. Im Gegensatz zu den meisten anderen Bewertungsverfahren bezieht dieses für das als mobil geltende Element Cadmium bodenkundliche Kennwerte ein (pH-Wert, Bodenart). Die organischen Schadstoffe werden bei dem Mindestuntersuchungsprogramm Kulturboden nicht erfaßt, so daß auch hier vielfach auf die Bewertungsgrundlagen nach Eikmann u. Kloke (1993) zurückgegriffen wird.

Inwieweit es vertretbar ist, für Gartenstandorte weniger restriktive Bewertungsgrundlagen anzuwenden als für Spielanlagen, muß in Anbetracht der Tatsache, daß Gärten auch von Kleinkindern frequentiert werden, hinterfragt werden. Das gilt insbesondere für Klein- und Hausgärten, bei denen davon auszugehen ist, daß sich hier das gleiche Kind über einen längeren Zeitraum auf der Fläche aufhält.

Tabelle 5.4. „Mindestuntersuchungsprogramm Kulturboden" der Landesanstalt für Ökologie, Landschaftsentwicklung und Forstplanung [mg/kg] (König 1990)

Element	Schwellenwert (= Orientierungswert)
Arsen	40
Cadmium	2 [a]
Chrom	100
Kupfer	100
Quecksilber	2
Nickel	100
Thallium	1
Zink	500

[a] Bei einem Boden-pH-Wert von < 6,5 oder der Bodenart Sand/schwach schluffiger Sand gilt der Wert 1,0 mg/kg

5.3.3
Sonstige Flächennutzungstypen

Die Listen nach Eikmann u. Kloke 1993, die nach Flächennutzungstypen differenziert sind, bieten auch für weniger sensible Nutzungen als Kinderspielanlagen, Gärten oder landwirtschaftliche Nutzflächen Orientierungswerte (Tabelle 5.5) an und zwar für:
- Bolz- und Sportplätze
- Park-, Grün- und Freizeitanlagen ohne Spielbereiche; dazu zählen auch Freibäder und Grünanlagen mit großen Liegewiesen
- Industrie- und Gewerbeflächen
- nicht agrarische Ökosysteme (z.B. Brachflächen, Stadtforst)

Die als Bodenwerte (BW) bezeichneten Orientierungswerte gliedern sich in 3 Einheiten. Der Bodenwert BW I gilt als oberer geogen oder pedogen bedingter Ist-Wert natürlicher Böden (Hintergrundlast). Bei Unterschreitung von BW II wird selbst bei dauerhafter Einwirkung die normale Lebens- und Leistungsqualität der jeweiligen Schutzgüter nicht negativ beeinflußt. Liegt der Wert zwischen BW II und BW III, ist mit einem höheren als dem allgemein vorhandenen, gesundheitlichen Risiko zu rechnen; in einem angemessenen Zeitraum sollte über Sanierungsmaßnahmen bzw. Nutzungsänderungen entschieden werden. Erst bei Überschreitung von BW III (toxikologisch abgeleiteter Wert) werden Schäden an den Schutzgütern erkennbar, eine Gesundheitsgefährdung ist auf Dauer nicht auszuschließen.

Unabhängig vom augenblicklichen Status quo der Fläche sollten für alle geplanten Anlagen die der vorgesehenen Nutzung angepaßten Richtwerte angewendet werden. Für eine Brachfläche, die Außenanlage einer Kindertagesstätte werden soll, gelten folglich beispielsweise die für Spielanlagen gültigen Werte.

Tabelle 5.5. Bewertungsliste nach Eikmann u. Kloke (1993) (Auszug); [mg/kg BW = Bodenwert]

Nutzungsarten		As	Cd	Cr	Cu	Hg	Ni	Pb	Zn
Multifunktionale Nutzungsmöglichkeit	BW I	20	1	50	50	0,5	40	100	150
Sport- und Bolzplätze	BW II	35	2	150	100	0,5	100	200	300
	BW III	90	5	350	300	10	250	1000	2000
Park- und Freizeitanlagen (unbefestigte, vegetationsarme Flächen)	BW II	40	4	150	200	5	100	500	1000
	BW III	80	15	600	600	15	250	2000	3000
Industrie-, Gewerbe- und Lagerflächen, unversiegelt	BW II	50	10	200	300	10	200	1000	1000
	BW III	150	20	800	1000	20	500	2000	3000
Industrie-, Gewerbe- und Lagerflächen, versiegelt oder bewachsen	BW II	50	10	200	500	10	200	1000	1000
	BW III	200	20	800	2000	50	500	2000	3000
Nicht agrarische Ökosysteme	BW II	40	5	200	50	10	100	1000	300
	BW III	60	10	500	200	50	200	2000	600

Nutzungsarten		Benzo(a)pyren	Σ PCB
Multifunktionale Nutzungsmöglichkeit	BW I	1	0,2
Kinderspielplätze	BW II	1	0,2
	BW III	5	1
Haus- und Kleingärten	BW II	2	0,5
	BW III	5	2,5
Sport- und Bolzplätze	BW II	1	1
	BW III	3	5
Park- und Freizeitanlagen (unbefestigte, vegetationsarme Flächen)	BW II	3	3
	BW III	6	10
Industrie-, Gewerbe- und Lagerflächen (unversiegelt, versiegelt oder bewachsen)	BW II	5	5
	BW III	10	15

Die bislang vorgestellten Richtwertkataloge sind heute Grundlage administrativen Handels in den meisten nordrhein-westfälischen Kommunen. Zeitlich parallel entwickelten zahlreiche andere Bundesländer Beurteilungsgrundlagen (z.B. Hamburg, Berlin, Bayern). Allen Listen ist gemeinsam, daß sie auf den Metallgesamtgehalten des Königswasseraufschlusses (DIN 38414 - T 7) basieren und bodenkundliche Kenngrößen weitgehend unberücksichtigt lassen. Den Königswasseraufschluß als analytische Grundlage der Schwermetalluntersuchungen auszuwählen, ist in Hinblick auf den Direktkontakt Boden–Kind als sinnvoll anzusehen, müßte aber im Falle der Gefährdungsabschätzung Boden–Nutzpflanze–Mensch in der Praxis entweder durch ein Extraktionsverfahren, das den mobilen, pflanzenverfügbaren Anteil erfaßt (z.B. über den NH_4NO_3-Extrakt nach DIN 19.730) oder durch eine Abschätzung der Bindungsstärke der Metalle anhand von Verfügbarkeitsparametern (z.B. pH-Wert, Humusgehalt, Körnung) ergänzt werden (DVWK 1988).

Baden-Württemberg ist neben Sachsen und Berlin das einzige Bundesland, das derzeit ein Landes-Bodenschutzgesetz verabschiedet hat. Der Ansatz, der in Baden-Württemberg verfolgt wurde, muß als wesentliche Verbesserung der Bewertungsgrundlagen für das Umweltmedium Boden angesehen werden (Umweltministerium Baden-Württemberg 1993/1994). Es wurde nutzungstypenbezogen differenziert (Trennung Kinderspielplätze, Siedlungsfläche, Gewerbe), und es wurden bodenkundliche Parameter in die Bewertung einbezogen (pH-Wert, Tongehalt) sowie die regional unterschiedliche geogene Grundlast berücksichtigt. Die Prüfung des Gefährdungspfades Boden–Mensch erfolgt alleine über das Gesamtaufschlußverfahren, die Prüfung hinsichtlich der Gefährdung von Bodenorganismen, Pflanzen und Bodensickerwasser durch pH- und tongehaltsbezogene Gesamtgehalte und ggf. durch mit NH_4NO_3 extrahierte mobile Gehalte. Ergänzend wurde inzwischen die Schadstoffliste um organische Parameter vervollständigt.

Die Bewertung der Standorte kann nicht nur durch einen Abgleich von Schadstoffgehalten mit Richtwertlisten erfolgen; der Berücksichtigung der vorgefundenen Substrate und bodenkundlichen Kenngrößen wie der Verfügbarkeitsparameter muß ebenfalls Beachtung zukommen (vgl. Kap. 6). Daraus folgend sollten die Untersuchungen nur von solchen Personen durchgeführt werden, die über den entsprechenden bodenwissenschaftlichen Kenntnisstand verfügen.

5.4
Bedeutung technogener Substrate bei Stadtbodenuntersuchungen

Wie in vorigen Kapiteln über technogene Substrate schon ausgeführt,
- haben diese ein charakteristisches Aussehen
- diese sind im Gelände dadurch visuell erfaßbar und typisierbar
- diese besitzen unterschiedliche Schadstoffgehalte und -muster
- diese beeinflussen Bodeneigenschaften z.B. Versauerung, Schadstoffbindungen und -verlagerungen, Wasserversickerung oder -speicherung etc.

Eine wichtige Erkenntnis aus den bereits durchgeführten Stadtbodenkartierungen ist, daß der Anwendungsbereich der Substratkartierung, wie sie in der bodenkundlichen Kartierung urban-industriell überformter Flächen angewandt wird, in der Kennzeichnung und Kartierung von belasteten Bodenpartien und technogenen Substraten bereits im Gelände liegt. Die Durchführung einer exakten Substratansprachen schon bei den Geländebeprobungen kann chemische Analysekosten erheblich reduzieren, da mehrere Proben gleichen Substrataufbaus (Wiederholungen), Proben aus generell belasteten technogenen Substraten (z.B. MV-Rohaschen) bzw. Proben aus toxikologisch unbedenklichen Substraten (z.B. Schmelzkammergranulat) nicht zwingend einer Analyse unterzogen werden müssen. Die Kostenreduktion für die Analytik betrug bei Stadtbodenuntersuchungen in Essen bis zu 40 % (Meuser 1996 a).

So helfen z.B. Kenntnisse über die speziellen Eigenheiten der technogenen Substrate im Bereich von Spiel- und Sportanlagen, um die Gefährdung bei Direktaufnahme beurteilen zu können, wenn solche als Baustoffe verwendet wurden (z.B. belastete Rostaschenlage im Sandkastenunterbau, Metallhüttenschlacke „Kieselrot" im Bolzplatzbau). Bei der Bewertung von Bodenbelastungen kommt der Substratzusammensetzung des Bodens insbesondere dann große Bedeutung zu, wenn es gilt, das langfristige Gefährdungspotential zu erfassen. Denn die technogenen Substrate unterliegen einer weitgehend noch unbekannten Lithogenese, so daß unterschiedliche Langzeitgefährdungen entstehen können (z.B. Schwermetallanreicherung durch Carbonatverwitterung $CaCO_3$-reicher Schlacken).

Schließlich wird durch die Kenntnis technogener Substrate auch der Ermittlung des Verursachers besser Rechnung getragen, insbesondere dann, wenn branchentypische Substrate im Boden vorhanden sind (z.B. Kupferschlacken eines ganz bestimmten Erzeugers).

6 Merkmale und Eigenschaften ausgewählter anthropogen veränderter Bodenvergesellschaftungen im Ruhrgebiet

6.1 Böden einer innerstädtischen Brachfläche

Bei dieser nahe dem Stadtkern, von Essen gelegenen Industriebrache handelt es sich um ein 2,5 ha großes Gelände. Eine historische Recherche ergab einen vielfältigen Nutzungswandel, der nachfolgend kurz skizziert wird:

- 1858   Verkehrstechnische Erschließung durch einen Eisenbahnanschluß zur Steinkohlenzeche Viktoria Mathias und zum Bahnhof Bergeborbeck
- 1867   Teil der Städtischen Gaswerke
- 1874   Teilflächennutzung durch eine Eisengießerei
- 1934   erneute Nutzung durch die Städtischen Gaswerke
- 1943   Weitgehende Zerstörung der Gebäude infolge Bombardierung
- 1956   bis 1998 Städtischer Bauhof
- künftig geplante Nutzung als Ökologiepark der Universität Essen

Durch die nunmehr 130 Jahre andauernde Überformung der natürlichen Standortverhältnisse als Folge der häufig wechselnden produktionsspezifischen Nutzung sind die Bodenverhältnisse vom Menschen völlig verändert. Die alte, von der städtischen Viehweide (ab ca. 1714 bis ca. 1850) herrührende, humose Oberbodendecke wurde mit dem Al-Horizont abgetragen und das Gelände sukzessive bis heute z.T. bis zu 7 m mächtig mit Bauschutt, Aschen und Bergematerial durchsetzten Natursubstratschichten (v.a. Lößlehme) bzw. mit weitgehend aus technogenen Substraten (Bauschutt, Schlackenschotter, Aschen, Bergematerial) bestehenden Schichten aufgehöht; bei den natürlichen, umgelagerten Substraten dominieren Sande und Lehme sowie Kalksteinschotter (s. auch Abb. 6.1 und 6.2a,b). Im Liegenden der Böden aus Substrataufträgen befinden sich Lößablagerungen aus dem Pleistozän. Zur Charakterisierung der Eigenschaften der Böden dieser Industriebrache wurden 6 Profilgruben angelegt und beprobt.

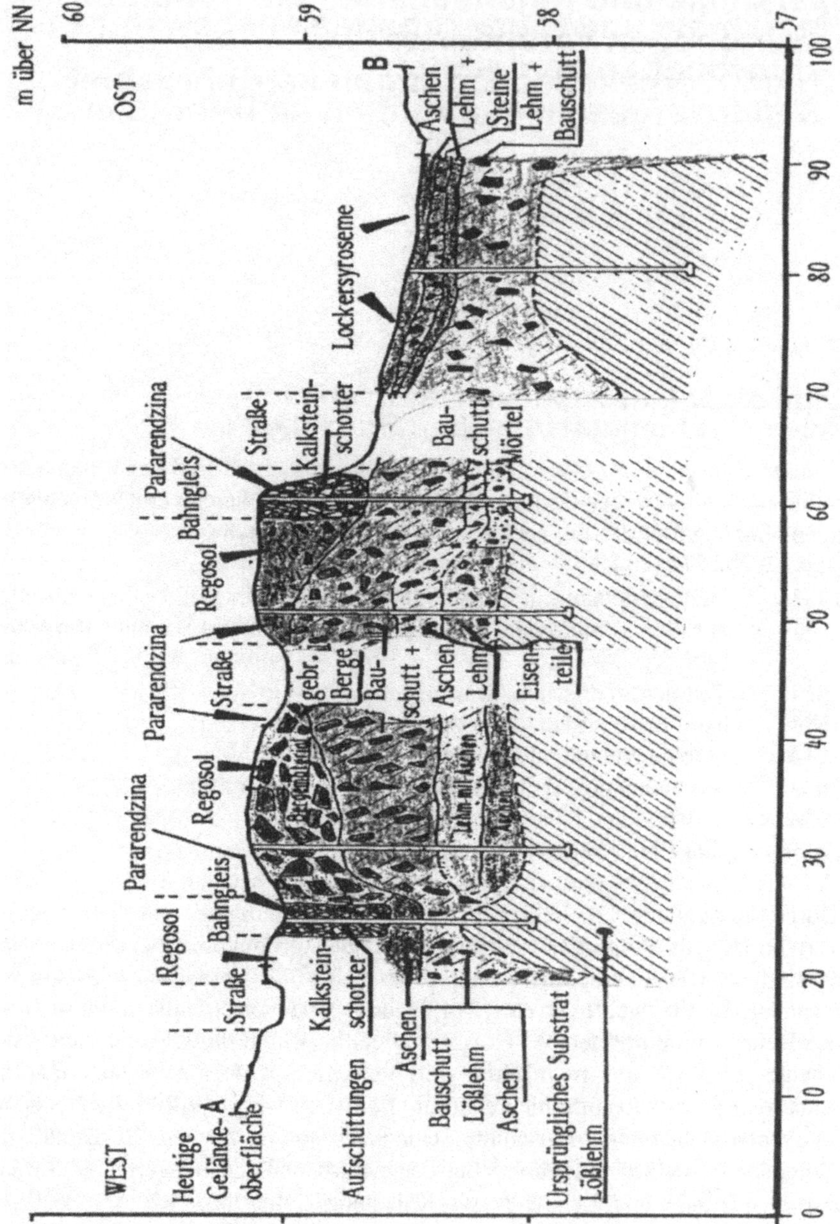

Abb. 6.1. Bodenvergesellschaftung auf einer innerstädtischen Brachfläche in Essen (vor 1850 städtische Viehweide, danach wechselnde Flächennutzung durch Steinkohlenzeche, Bahnanlage, Stadtgaswerk, Eisengießerei, städtischer Bauhof). (Nach Burghardt u. Köppner 1991; ergänzt)

Tiefe [cm]	P34 Horizont
-5	yAih
-15	j(y)C
-22	yC
-46	j(y)C2
-100	Sw

Bei dem **Regosol (Profil P34)** handelt es sich um ein gekapptes Profil, dem der ehemalige Ah-Horizont völlig und der Al-Horizont der ursprünglichen Bodenbildung weitgehend fehlt. Das Alter der ca. 5 dm mächtigen Auftragsschichten läßt sich auf vor 1956 zurückdatieren, da seit der letzten Nutzungsänderung in einen städtischen Bauhof hier keine Aschen mehr anfallen. Wahrscheinlich stammen die Aschen noch aus der Zeit von vor 1930, als das Areal teilweise von einer Eisengießerei genutzt wurde. Die letzte gravierende Überformung (wahrscheinlich ein Abtrag) dürfte um 1980 erfolgt sein.

Tiefe [cm]	P35 Horizont
-35	jC
-70	yjCc
-85	yjC
-100	yC
>135	Sw

In einem mächtigen Substratauftrag über einer alten, begrabenen Bodenbildung entwickelt sich der **Lockersyrosem (P35)**. Es ist nur eine sehr spärliche, lückige Vegetation am Standort vorhanden, wodurch noch keine Akkumulation rezenter organischer Substanz (d.h. nur minimale Ai-Ausprägung) ersichtlich ist. Das Vorhandensein alter Holzbalken weist noch darauf hin, daß dieser Bereich vom Bauhof zur Ablagerung von Röhren genutzt wurde und dadurch der Standort als Folge der Beschattung erst nach Räumung des Geländebereiches eine Pflanzenbesiedlung erlaubte. Anhand der Zusammensetzung der technogenen Substrate ist anzunehmen, daß die Schichten anthropogener Aufträge noch aus dem Zeitraum von 1874-1934 stammen, in dem die Eisengießerei das Gelände nutzte.

Tiefe [cm]	P36 Horizont
-11	yjAch
-16	jlC
-60	jylCc
-75	yjCc-fAh
-95	yjC3
-108	fAh
>140	Sw

Im mittleren Bereich der Untersuchungsfläche, zwischen P34 und P35, wurde die **Pararendzina (P36)** beprobt. Das Profil ist wahrscheinlich durch mehrere (mindestens 2) Phasen aufgetragen worden. Im oberen Bereich (0-6 dm) liegt ein gut durchgemischtes Gemenge aus unterschiedlichsten technogenen Substraten mit sandig, schluffig, lehmigen Natursubstraten vor, dem eine Auftragsschicht folgt, in der bereits eine Bodenbildung abgelaufen war. Der oberste Auftragsbereich stammt wahrscheinlich aus der Zeit nach dem 2. Weltkrieg. Die Auftragsschichten tiefer als 6 dm stammt aus der Zeit davor. In der derzeitigen Oberflächenschicht ist als Folge der ablaufenden Bodenbildung bereits deutlich die Ausprägung eines Ah-Horizontes festzustellen.

Tiefe [cm]	P37 Horizont
-16	yjAh
-45	jxcCv
-85	yjC
-95	yjC2
-105	ylC
>150	Sw

Tiefe [cm]	P38 Horizont
-15	yjAh
-43	jxCc
-55	yCc
-90	yjSw
-120	Sw

Tiefe [cm]	P39 Horizont
-4	jyAch
-17	yjC
-24	yC
-35	yjC2
-42	yjC3
-49	yjfAh
-65	Sw-Bv
-100	Sw

In ehemaligen Gleisanlagen wurden die beiden **Pararendzinen (P37 und P38)** für die Untersuchungen ausgewählt. Die Gleisanlagen wurden nach 1956 gebaut und bis ca. 1985-1990 betrieben. Danach wurden die Schienen demontiert. Für beide Profile ist eine Akkumulation von humosen Feinsubstrat in den Zwischenräumen der Schotter feststellbar. Dieses Feinsubstrat bildet dabei häufig einen schwebenden Horizont in der oberen Hälfte des Schotterkörpers. Die Schotterzwischenräume darunter sind häufig zu einem deutlich geringen Maße mit Feinsubstrat angefüllt. Die Aschen haben weißliche bis gelbliche Salzausblühungen. Verbraunungserscheinungen infolge Eisenoxidbildung konnten aufgrund der Eigenfärbung der Substratkomponenten nicht festgestellt werden.

Im Seitenstreifen zu einer Betriebsstraße wurde der **Regosol (P39)** aufgenommen. Die Betriebsstraße wurde nach 1956 angelegt. Obwohl nur lückig von Pflanzen bewachsen, ist der oberste Bereich deutlich humos. Dies resultiert aber wahrscheinlich hauptsächlich daraus, daß der Regen humosen Staub von der Straße in den Seitenstreifen abwäscht.

6.1.1
Allgemeine Merkmale, Säureneutralisationskapazität, Sorptionspotential und Nährstoffstatus

Charakteristisches Merkmal der Stadtböden aus diesem Untersuchungsgebiet ist, daß mit der Geländekartierung erfaßbare Ah-Lagen entweder nur sehr geringmächtig ausgebildet sind (P36, P37), bzw. sich im Initialstadium befinden (P34) oder völlig fehlen (P35). Die Profile P34- P36 zeigen unterschiedliche Stadien der Verbuschung. Während die Vegetation um P34 durch spärlichen Graswuchs mit einzelnen Birken gekennzeichnet ist, weist P35 einen zwar lichten, aber doch (im Vergleich zu P34) dichteren Birken- und Gräserbewuchs auf. Das Umfeld von P36 ist dicht mit Sträuchern und niedrigen Birken bewachsen, wodurch — infolge der intensiven Beschattung — der Unterwuchs durch Gras und zahlreiche Moose gekennzeichnet ist. Anhand des Alters der Birken kann aber keine gesicherte Aussage über den Zeitraum ungestörter Bodenbildung abgeleitet werden, da das Gelände in unregelmäßigen Abständen immer wieder entbuscht wird. Die Profile P37 und P38 wurden innerhalb von Gleisanlagen, P39 am Rande einer Betonstraße angelegt; in diesen Bereichen ist der Bewuchs mit Gräsern oder Birken sehr schütter. In den Böden des Untersuchungsgebietes konnten keine Anzeichen von Bodenwühlern festgestellt werden, was aber bei mit technogenen Substraten durchmengten Böden häufig ist.

Die teilweise extrem hohen *Kohlenstoffgehalte* (z.B. 13-24% C_t in P39), welche in den Schichten oberhalb des Liegenden nachgewiesen wurden, stammen zu einem großen Anteil aus technogenem Substrat, welches fossilen Kohlenstoff (Steinkohle) oder pyrolytisch transformierte C-Verbindungen (Aschen, Koks) enthält. Bei ungenauer Probenkenntnis würden überhöhte Humusgehalte aus den Ergebnissen abgeleitet.

Im Liegenden der 6 Profile ist die *Bodenreaktion* (im Mittel pH 6,7) sehr schwach sauer bis schwach sauer. Das Bodenvolumen der Auftragsschichten wird von der Skelettfraktion dominiert. In 17 von 31 Schichten wurde 45-97 Gew.-% Skelett ermittelt. Mehr als 90 Gew.-% Skelett befinden sich in den Schotterschichten der Gleisprofile (P37 und P38); dies ist aber für Standorte mit Gleisanlagen — aufgrund der Nutzung — typisch. Ebenfalls durchweg hohe Skelettanteile (bis 77 Gew.-%) zeigen sich indem etwa 40-50 cm mächtigen Auftrag des Betonstraßenrandstreifens (P39). In diesem Bereich sind Kalksteinschotter sowie Bauschutt und Aschen über einer alten Bodenoberfläche aufgetragen und verdichtet worden. Der im Liegenden anstehende Lößlehm ist in allen 6 Profilen nahezu skelettfrei. In den Auftragsbereichen mit Kalksteinschotter (P37-P39) und Bauschutt ist das Skelett wie auch die Feinerdefraktion mit z.T. > 20% Gesamtcarbonat sehr stark carbonathaltig. Der Lößlehm im Liegenden ist carbonatfrei. Da in den Profilen carbonathaltige bzw. alkalisierende technogene Substratbeimengungen in den Auftragsbereichen vorliegen (z.B. Bauschutt und Aschen), sind die pH_{CaCl2}-Werte im Mittel neutral.

Die Erfassung der *Säureneutralisationskapazitäten* des Carbonatpuffers der Böden aus Substrataufträgen des Industriebrachegeländes ist aufgrund der darin festgestellten SM-Belastungen (Kap. 6.1.2) von besonderer Bedeutung. Die übergreifende Auswertung der pH_{CaCl2}-Werte ergibt zunächst, daß alle Schichten und Horizonte der 6 Böden aus Substrataufträgen im Bereich 5,8-7,3 (bzw. pH_{H2O} 6,5-8,3) liegen. Dies bedeutet, daß der Calciumcarbonat-Pufferbereich (pH_{H2O} 6,2-8,3; Ulrich 1981) noch intakt ist. Die SNK_{CO3} der Schichten mit technogenen Substratbeimengungen variiert von 0-5,6 mol_c/kg und beträgt im medianen Mittel von 31 Proben 0,4 mol_c/kg und ist damit erwartungsgemäß höher als im Liegenden (SNK_{CO3} 0,1-3,0 mol_c/kg, n = 7). Berechnet man die SNK_{CO3}-Kapazitäten des Feinerderaumvolumens, so ergibt sich, daß P34 und P38 im Oberbodenbereich (0-3 dm Tiefe) eine mittlere, die anderen Profile eine hohe bis sehr hohe SNK besitzen (vgl. Tabelle 6.1). Unterstellt man einen atmosphärischen Eintrag von 0,4 Mol H^+-Säureäquivalenten pro Quadratmeter und Jahr, würde dies bedeuten, daß beim Regosol (P34) über einen Zeitraum von 90 Jahren, die anderen Böden aus Substrataufträgen bis zu mehr als 700 Jahre, im medianen Mittel ungefähr 380 Jahre, eine Neutralisierung der gegenwärtigen atmosphärischen Säuredeposition gewährleisten würden. Bei den Profilen, welche noch carbonathaltige technogene oder natürliche Substrate besitzen (z.B. den Kalksteinschotter, P37, P38) wird dieser Zeitraum noch deutlich überschritten, da auch das carbonathaltige „Skelett" — wenngleich dessen Lösungsrate im Vergleich zur Feinbodenfraktion verzögert ist — zur Pufferung beiträgt.

In den Schichten der anthropogenen Aufträge variiert die *KAK* in der Feinerdefraktion der 6 Profile von 17 (P37) bis 170 $mmol_c$/kg (P39) und ist mit einem medianen Wert von 94 $mmol_c$/kg überwiegend als mittel bis hoch einzustufen. Die Variationsbreite der KAK ist im anstehenden Löß des Liegenden aufgrund der Schluffdominanz bei weitgehender Abwesenheit von Humusstoffen mit 71-114 $mmol_c$/kg zumeist als gering bis mittel einzustufen. Durch die mäßig saure Bodenreaktion von P34 bedingt (pH_{CaCl2}-Werte 5,8-6,0), variiert die Basensättigung in den Auftragsschichten nur zwischen 33-60%, und auch im Liegenden sind die Austauscher bereits zu mehr als 40% mit H- und Al-Ionen belegt. Günstiger ist die Ionenzusammensetzung in den Profilen mit carbonathaltigem bzw. alkalisierendem Ausgangssubstrat (P35-P39), wo in den Proben aus den Auftragsschichten im medianen Mittel eine Basensättigung von > 80% gemessen wurde. Im Liegenden dieser Profile variiert die Basensättigung zwischen 69-100%. Wird die KAK der Feinerderaummasse berechnet, so zeigt sich, daß in den Schichten mit technogenen Substraten, durch den Skelettanteil bedingt (45-97 Gew.-%), das potentielle Kationenaustauschpotential nur etwa halb so hoch wie im Liegenden ist (vgl. auch Tab. 6.1). Insgesamt verdeutlichen die volumenbezogenen KAK-Ergebnisse, daß die aufgetragenen Böden des Untersuchungsgebietes eine niedrige Kapazität besitzen, Kationen zu sorbieren. Zur Abschätzung der Verschiebung der Sorptionspotentiale in den Böden durch die Aufträge kann eine weitgehend naturnah erhalten gebliebene Parabraunerde aus Kryolöß (P6; diese ist ca. 500 m von der Industriebrache entfernt) zum Vergleich herangezogen werden. Die Gegenüberstellung der Ergebnisse verdeutlicht, daß eine gravierende Reduktion der KAK in den Profilen P34-P39 stattgefunden hat. In den anthropogen veränderten Böden der Industriebrache sind in der bis auf 3 dm berechneten Oberbodenzone nur noch ca. ein Drittel (20-56%) bzw. auf 1 m Tiefe bezogen, nur noch etwa zwei Drittel (34-68%) des Kationenaustauschpotentials vorhanden.

Tabelle 6.1. pH-Wert, Säureneutralisationskapazität, Kationenaustauschkapazität und Nährstoffmengen in der Feinerderaummasse von 6 Böden (P34-P39) mit technogenen Substrataufträgen einer Industriebrache sowie eines naturnahen Bodens (P6) in Essen-Nordviertel

Profil Nr.	Tiefe [dm]	pH $CaCl_2$	SNK_{CO3}	KAK	N_t	P_t	P_{DL}	K_{DL}	Mg_{CaCl2}
			$[mol_c$/pro m²]				[g/m²]		
P34	0-3	5,8-6,0	37	28,8	426	250	5,8	37,6	25,7
	> 3-10	5,9-6,0	116	77,6	2.150	669	22,5	118	96,3
P35	0-3	6,1	128	11,3	125	112	2,2	19,8	16,2
	> 3-10	6,1-7,0	214	59,3	1.680	537	38,3	75,8	35,7
P36	0-3	7,1-7,2	179	22,1	197	165	8,4	29,1	6,1
	> 3-10	7,1-7,3	317	79,3	941	610	21,8	74,9	20,7
P37	0-3	6,6-6,9	282	10,1	50	109	3,7	16,2	5,5
	> 3-10	6,9-7,2	1.950	42,4	510	534	19,6	58,6	13,8
P38	0-3	7,0-7,1	76	14,0	208	98	4,2	8,8	5,6
	> 3-10	6,2-7,0	231	70,5	257	547	25,6	68,7	35,7
P39	0-3	6,6-7,7	213	13,9	440	188	7,3	16,1	6,6
	> 3-10	6,1-6,6	194	87,8	571	544	41,9	104	48,8
P6	0-3	7,0-7,1	143	51,1	354	276	40,4	58,3	30,5
	> 3-10	6,7-7,0	51	105	596	402	47,7	132	64,2

Die *Stickstoffgehalte* in den Feinsubstratproben aus den Schichten der 6 Böden aus Aufträgen streuen mit 0,02-0,64% erwartungsgemäß in einem größeren Bereich als die N-Gehalte der Horizonte im Liegenden (0,01-0,24% N_t).

Die *Phosphatgesamtgehalte* der Feinerdefraktion aus den Schichten der anthropogenen Aufträge variieren von 377-1.950 mg P/kg und betragen im Mittel 928 mg/kg. Dreizehn Schichten enthalten mit mehr als 1.000 mg/kg extrem hohe P-Akkumulationen, wobei diese wiederum von Schichten über- und unterlagert werden, in denen die P_t-Gehalte deutlich geringer sind. In der Regel wurden in den Schichten mit mehr als 1.000 mg P/kg bei der Profilaufnahme Aschen als technogene Substrate festgestellt, welche häufig hohe Phosphatgehalte aufweisen. Im Lößlehm des Liegenden streuen die P_t-Gehalte weniger (476-664 mg/kg). Bezogen auf einen Pedon mit 1 m² Grundfläche und 10 dm Tiefe variiert der P-Gesamtvorrat zwischen 0,6 und 0,9 kg (Tabelle 6.1). Demnach ist die Versorgung mit verwitterbarem Phosphat im Untersuchungsgebiet in der Regel als mäßig (P35-P39) bis leicht erhöht (P34) einzuordnen.

In den anthropogenen Aufträgen führt ein hoher bis extrem hoher P-Vorrat nicht automatisch auch zu einer hohen potentiell *pflanzenverfügbaren P-Fraktion*. Von 13 Schichten, welche mehr als 1.000 mg P_t/kg enthalten, weisen nur 2 Schichten eine hohe P-Versorgung auf. Die anderen Lagen besitzen in der Regel mit Gehalten von <57 mg P_{DL}/kg nur eine mittlere P-Versorgung, was aber für Begrünungen durchaus als ausreichend angesehen werden kann. Die Profilaufnahmen ergeben, daß die Vegetation (und hier vorwiegend der Birkenanflug) den Aufschüttungsbereich durchstößt und einzelne Wurzeln noch in bis zu 14 dm Tiefe reichen. Die potentiell pflanzenverfügbare P-Fraktion wäre im Lößlehm des Liegenden mit Gehalten von 19-61 mg P_{DL}/kg und einem mittleren Gehalt von 23 mg P_{DL}/kg als ausreichend gut einzustufen. Die Bilanzierung der Feinerderaummasse von 1 m² im Wurzelraum (bis 10 dm) relativiert die Ergebnisse der rein auf die Konzentration der Feinerde bezogenen Ergebnisse aber dahingehend, daß dem Aufwuchs mit 23-49 g P_{DL}/m² (Tab. 6.1) nur geringe potentiell verfügbare Phosphatmengen zur Verfügung stehen.

Die höchsten Gehalte an *lactatextrahierbarem Kalium* (147-271 mg K_{DL}/kg) treten vorwiegend in den obersten Schichten der 6 Profile auf. Schichten mit Aschen und mörtelreichem Bauschutt enthalten ebenfalls meist deutlich höhere K_{DL}-Gehalte als darunter oder darüber liegende Lagen mit nur geringen Aschen- und Bauschuttbeimengungen. Die Feinerdefraktion der Auftragsschichten hat somit in der Regel hohe bis sehr hohe K_{DL}-Gehalte, so daß eine ausreichende K-Ernährung einer Begrünung gewährleistet sein dürfte, wenngleich der absolute lactatextrahierbare K-Vorrat im durchwurzelten Bereich bis 10 dm Tiefe — aufgrund des hohen Skelettanteils der Auftragsschichten — eher als gering bis mitteleinzustufen ist (vgl. Tabelle 6.1).

Auch wenn die potentiell *pflanzenverfügbaren Mg-Gehalte* in den Auftragsschichten schwanken, ist auffällig, daß jeweils in der Schicht oberhalb des Liegenden die Konzentration des Magnesiums stets höher ist als in der darüberliegenden Schicht. Es liegen Hinweise aus weiterführenden Untersuchungen vor, daß im Grenzbereich der Auftragsschichten zum Liegenden eine Porendiskontinuität (durch Verdichtung bzw. starken Körnungswechsel) auftritt, wodurch die mit Mg-Ionen beladene Sickerwasserfront bei weniger intensiven Niederschlagsereignissen zum Stillstand kommt und dadurch sukzessive verlagerte Mg-Ionen in dieser Bodenzone angereichert werden können. Bei der Berechnung der Feinerderaummasse ergibt sich wieder, daß die Schichten mit technogenen Substraten aufgrund der Skelettanteile wesentlich weniger potentiell pflanzenverfügbares Mg besitzen als der Lößlehm im Liegenden.

6.1.2
Schwermetallstatus

Das Feinsubstrat in den Schichten der sechs veränderten Profile ist in der Regel mit Schwermetallen belastet, wobei die *SM_t-Gehalte* in folgender Reihenfolge abnehmen: Zn (39-3.280 mg/kg) > Pb (11-10.500 mg/kg) > Cu (11-620 mg/kg) > Ni (4-97 mg/kg) > Cd (0,2-51,4 mg/kg). In den Horizonten des Liegenden variieren Zn von 35-108 mg/kg, Pb von 9-93 mg/kg, Cu von 11-34 mg/kg, Ni von 18-28 mg/kg sowie Cd zwischen 0,2 und 0,6 mg/kg.

Extreme SM-Belastungen finden sich häufig in Schichten, die Aschen enthalten bzw. in welchen Gemenge aus Bauschutt-Aschen und Lehm vorliegen. Besonders kritisch ist der Bereich um den Regosol (P34) zu beurteilen, wo an der Oberfläche eine 5 cm mächtige Aschenschicht (yAih) vorliegt, welche 51,4 mg Cd_t/kg bzw. 1.310 mg Pb_t/kg und 1.260 mg Zn_t/kg enthält. Im Rahmen der Geländearbeit konnte hier in Trockenzeiten (durch die schüttere Vegetation bedingt) eine verstärkte Staubausblasung beobachtet werden. Die SM-Gesamtgehalte im durchwurzelten Bereich weisen z.T. Konzentrationen auf, bei denen ein erhöhter SM-Gehalt im Pflanzenmaterial zu erwarten ist. Als Maßstab zur Abschätzung einer Belastung von Pflanzen mit Schwermetallen können die bei Sauerbeck (1989) publizierten „kritischen Konzentrationen für Pflanzenwuchs" zu Hilfe genommen werden. Besonders empfindliche Pflanzenarten können bei diesen Konzentrationen mit einer beginnenden Wachstumshemmung reagieren. Nach den in Tabelle 6.2 aufgeführten Gehalten der Grasproben ist eine SM-Belastung des Aufwuchses offensichtlich. Aufgrund der schwach sauren Bodenreaktion (pH_{CaCl2}-Werte 5,8-6 in 0-3 dm Tiefe bei P34) in diesem Bereich des Untersuchungsgebiets können die erhöhten Cd-Gehalte im Grasaufwuchs noch z.T. als Folge der pH-Wert abhängigen Cd-Verfügbarkeit (Grenz-pH-Wert 6,5 für beginnende Mobilisierung) erklärt werden. Für Zink, Nickel und Blei liegen die elementspezifischen Grenz-pH-Werte niedriger (zwischen 6 und 4). Untersuchungen von Burghardt et al. (1991b) sowie Spona u. Baum (1993) belegen aber auch, daß in Wildpflanzen (*Artemisia vulgaris, Solidago gigantea* u.a.), welche häufig auf alkalischen, carbonathaltigen Böden von Eisen- und Stahlindustriestandorten wachsen, erhöhte SM-Konzentrationen auftreten können.

Der Transfer von Schwermetallen im Boden in die Pflanzen auf urban-industriell veränderten Standorten ist — im Gegensatz zu forst- und landwirtschaftlich genutzten Böden — bisher noch wenig untersucht, so daß noch keine gesicherten Aussagen über die Ursache der sich im Trend abzeichnenden, erhöhten SM-Translokation in den Pflanzenaufwuchs möglich sind (Abb. 6.2). Eine Ursache könnte in der verringerten Menge an Feinsubstrat im durchwurzelten Raum der Auftragsschichten liegen. Dies nötigt die Pflanzen, zur Deckung ihrer Nährstoff- und Wasserbedürfnisse die wenige Bodenfeinsubstanz intensiver zu durchwurzeln, wodurch wahrscheinlich ebenfalls die SM-Aufnahme gesteigert wird.

Das Ausmaß der SM-Akkumulation in den Böden aus Substrataufträgen dieser Untersuchungsfläche gegenüber ihres ursprünglichen SM-Status vor der Überformung läßt sich abschätzen, wenn man hierfür die Ergebnisse einer nahegelegenen, gering anthropogen veränderten Parabraunerde (P6) heranzieht. Danach steht einem Rückgang des Austauschpotentials um im Mittel mehr als 70% in den obersten 3 dm, bzw. 60% bei > 3-10 dm Profiltiefe eine dramatische Zunahme an Schwermetallen gegenüber, deren mittlerer Umfang auf der Basis der in Tabelle 6.3 dargestellten Werte in Tabelle 6.4 aufgeführt ist.

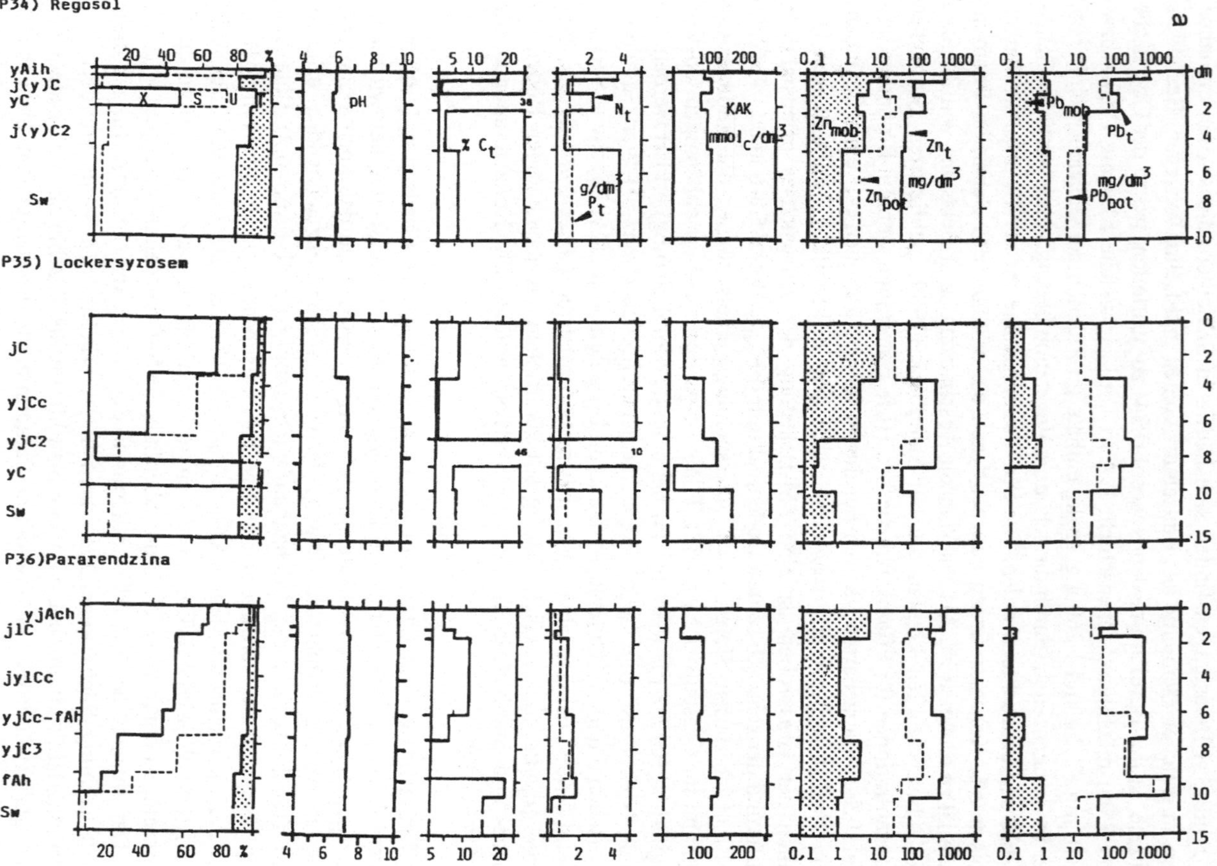

Abb. 6.2. Tiefengradienten von Bodenkennwerten der Profile **a** P34-P36 und **b** P37-P39

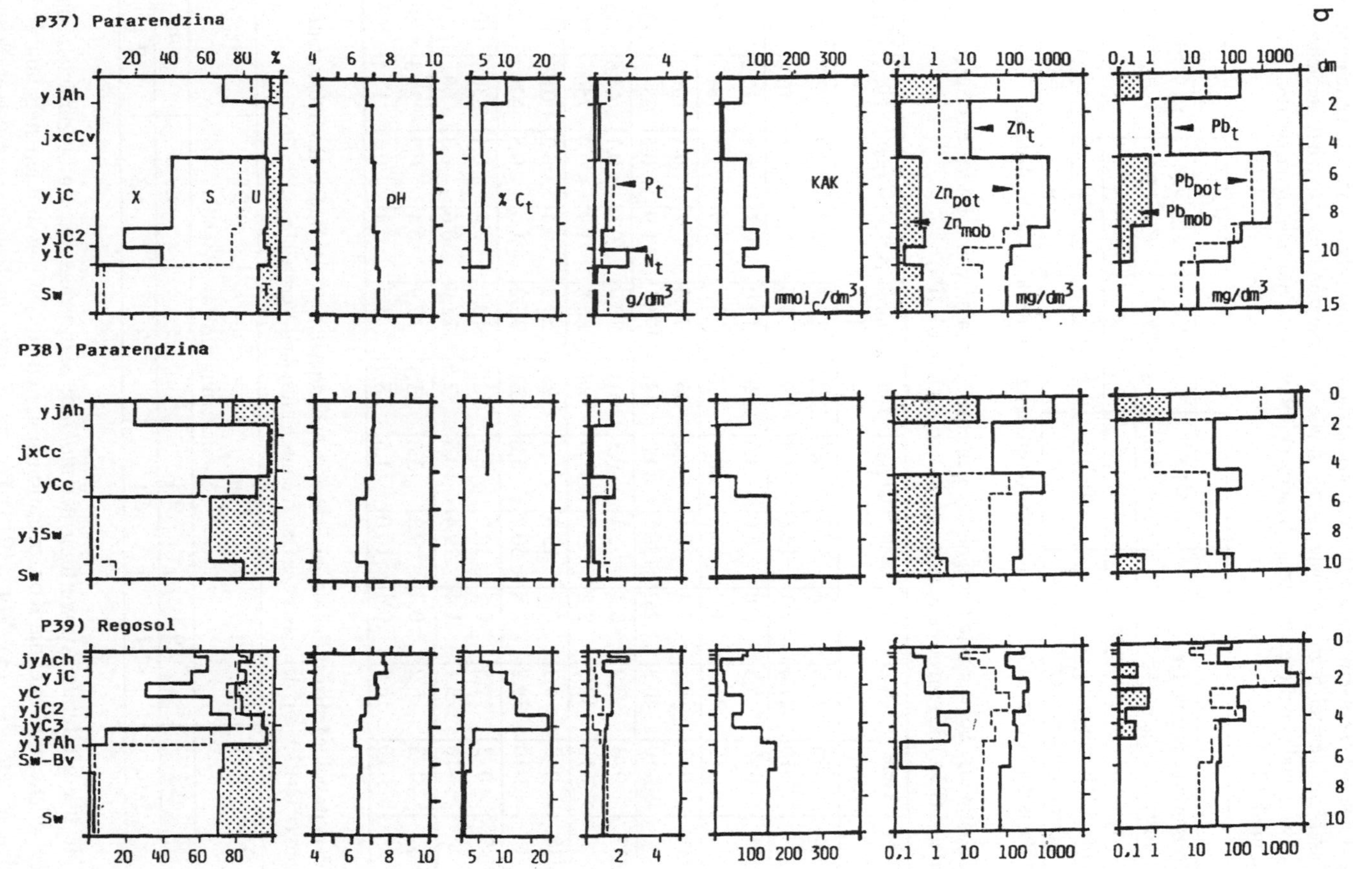

b
Abb. 6.2b.
P37) Pararendzina
X   S   U
pH
% C_t
P_t
N_t
KAK
Zn_t
Zn_pot
Zn_mob
Pb_t
Pb_pot
Pb_mob
P38) Pararendzina
P39) Regosol

116

Tabelle 6.2. Schwermetallgehalte von gewaschenen Grasproben einer Industriebrache in Essen im Vergleich zu Normalgehalten sowie ertragsbezogenen Toxizitätsbereichen für Schwermetallgehalte in Pflanzen (Sauerbeck 1989) und Futtermittelgrenzwerten (Gehalte in mg/kg Tr.S.)

	Ni	Zn	Cd	Pb
Grasaufwuchs von der Industriebrache (n = 5)	6,5-12,0 $Z = 11,0$	180-724 $Z = 384$	< 0,1-6,0 $Z = 1,3$	18,9-29,3 $Z = 20,8$
Normalgehalt in Pflanzen	< 0,1-5	25-250	< 0,1-1	< 0,1-5
Toxizitätsbereich	20-30	150-200	5-10	10-20
Futtermittelgrenzwert [a]			1,14	45,5

[a] Basis der Grenzwerte der Futtermittelverordnung sind 88% Trockensubstanz

Tabelle 6.3. Schwermetallmengen der Feinerderaummasse von 6 Böden aus Substrataufträgen (P34-P39) sowie eines naturnahen Vergleichprofils (P6)

Pro-fil	Tiefe [dm]	Ni_t	Ni_{pot}	Cu_t	Cu_{pot}	Zn_t	Zn_{pot}	Cd_t	Cd_{pot}	Pb_t	Pb_{pot}
						$[g / m^2]$					
P34	0-3	11,6	0,8	37,1	10,4	87,5	18,3	2,3	0,3	73,2	29,5
	> 3-10	21,4	1,3	12,6	1,4	39,5	4,0	0,3	0,1	10,2	5,2
P35	0-3	5,3	0,8	8,0	3,0	31,1	12,0	0,1	< 0,1	10,2	3,8
	> 3-10	23,5	1,0	58,8	18,9	310	111	3,9	1,1	181	28,3
P36	0-3	4,1	0,2	31,1	6,2	265	71,6	0,2	0,1	156	13,1
	> 3-10	40,3	2,0	139	34,8	682	176	1,9	0,5	954	230
P37	0-3	2,2	<0,1	5,1	0,2	108	10,0	0,3	< 0,1	44,6	5,8
	> 3-10	42,5	2,2	240	31,4	584	80,8	1,9	< 0,9	750	194
P38	0-3	5,3	0,1	13,3	1,5	329	59,8	0,4	0,2	1.010	145
	> 3-10	39,2	2,8	50,7	5,8	228	33,2	1,6	0,5	370	28
P39	0-3	11,5	0,5	32,9	6,6	73,5	18,0	0,4	0,1	830	101
	> 3-10	23,1	1,4	29,4	10,5	72,5	22,9	0,6	0,3	60	30
P6	0-3	6,2	0,3	9,3	3,6	73,1	17,9	0,4	0,2	29,3	16,6
	> 3-10	16,0	0,4	10,0	1,5	38,7	4,5	0,4	0,1	17,4	3,3

Tabelle 6.4. Medianer Faktor der Schwermetallanreicherung der Böden aus Substrataufträgen (P34-P39) auf der Basis der Daten eines naturnahen Vergleichprofils (P6)

Tiefe [dm]	Ni_t	Cu_t	Zn_t	Cd_t	Pb_t
			Anreicherung um das x-fache		
0-3	0,9	2,4	1,3	0,9	3,9
> 3-10	2,1	6,1	7,7	5,8	17,4

Die übergreifende Auswertung der *mobilen Schwermetalle* ergibt zunächst, daß bei Nickel und Blei die Konzentrationen in den NH_4NO_3-Extrakten stets unterhalb den in der VwV-Ba.-Wü. (1993) für das Schutzgut Bodensickerwasser festgesetzten Prüfwerte Prüfwerten lagen. Bei Zink überschreiten 5 Proben, bei Cadmium 9 Proben und bei Kupfer 6 Proben diese Prüfwerte. In allen 6 Profilen des Industriebrachegeländes lassen sich mobile Zinkgehalte in den aufgetragenen

Schichten mit technogenen Substraten und teilweise auch im Liegenden nachweisen. Die höchsten Zn_{mob}-Konzentrationen gehen mit sehr hohen Zn_t-Gehalten einher.

6.2
Böden auf Steinkohlenzechengeländen

Eine stark nutzungsorientierte Bodenveränderung hat auch auf Steinkohlenzechengeländen stattgefunden. Historische Karten der Jahrhundertwende zeigen meist eine nahezu völlige Versiegelung der Bodenoberfläche durch Verkehrstrassen, Lagerplätze für Roh-, Zwischen- und Endprodukte sowie Abfall- bzw. Reststoffe. Typisch für Steinkohlenzechen ist das Vorhandensein von Steinkohlenbergematerial, das aufgehaldet sowie weiterhin zur Verfüllung und Nivellierung von bereits naturgegebenen Geländesenken oder durch den Bergbau induzierten Absenkungen der Oberfläche verwendet wurde. Anders als bei der Eisenhüttenindustrie dominieren auf den Steinkohlenzechen natürliche und technogene Substrate. Darüber hinaus sind diese Böden v.a. mit organischen Schadstoffen belastet.

Sofern die Böden nach Abbruch der Gebäudeanlagen und oberirdischer Abräumung der Gleiskörper nicht wieder (mit Lößlehm) abgedeckt wurden, finden sich meist auf den Bergematerialaufhaldungen der Schachtanlagen oder den Aschenfeldern der Kraftwerks- und Kokereianlagen selbst nach Bodenentwicklungszeiten von z.T. mehr als 60 Jahren nur initiale Bodenentwicklungen mit Syrosemen und Regosolen. Vergesellschaftet sind diese in Bereichen, wo Bauschutt den Boden dominiert, mit flachgründigen, trockenen Syrosemen bis Pararendzinen bzw. mit stark humosen, pseudovergleyten Regosolen welche sich in Abdeckschichten oder mächtigeren Geländeverfüllungen aus umgelagertem, entkalktem Lößlehm entwickelt haben. Nachfolgend werden Eigenschaften und Merkmale von Böden solcher im Ruhrgebiet häufig vorliegender Standorte zunächst am Beispiel der Zechenbrache Rheinelbe in Gelsenkirchen dargestellt, wo ein direkter Vergleich mit einem für die ursprüngliche Pedogenese typischen, Boden aus dem benachbarten Zechenpark möglich ist. Zur Verbreiterung der Daten- und Diskussionsbasis ergänzen Ergebnisse zu Merkmalen und Eigenschaften von je einem Auftragsbodenprofil aus dem Bereich der Kokereianlagen ehemaliger Zechen aus Gelsenkirchen-Rotthausen und Herne-Sodingen dieses Kapitel.

Die historische Recherche ergab, daß auf dem ca. 20 ha großen Areal der Zeche Rheinelbe in Gelsenkirchen als ursprüngliche Bodenentwicklung auf quartärem Lößlehm über kreidezeitlichem Emschermergel vorwiegend Pseudogley-Parabraunerden, z.T. Parabraunerden, Braunerden oder Braunerde-Pseudogleye vorlagen. Im Bereich des (heute verrohrten) Baches, welcher das Gelände durchfließt, traten sowohl Gleye als auch Pseudogleye mit Übergängen zu Auengleyen auf. Im Jahre 1823 wurde das Gelände noch als Auenlandschaft extensiv landwirtschaftlich genutzt. Ab 1861 erfolgte eine industrielle Erschließung und intensive Nutzung durch Kohleförderung sowie Brikettherstellung, Kokerei- mit Benzolfabrik sowie (Stadt-)Gasproduktion. Seit 1928 liegt die Fläche nach Stillegung der Kohlenveredlungsbetriebe und der Schachtanlagen brach. Von etwa 1954 an wird ein kleines Areal als Umspannwerk genutzt. Andere, kleinere Freiflächen erfuhren eine Umnutzung (z.B. als Tennisplatz). Die pedogene Ausgangssituation hat im Bereich der Industrieanlagen durch Baumaßnahmen, Aufschüttungen und Abtrag eine starke Veränderung erfahren. Bohrungen, die im Rahmen einer Gefährdungsabschätzung durchgeführt wurden, belegen, daß neben einer Aufhaldung von Bergematerial große Gebiete um z.T. mehrere Meter aufgeschüttet wurden. Die bodenkundliche Kartierung ergab, daß neben natürlichen Substraten (Lößlehm, Kiesen, Sanden, Bergematerial) dabei in verstärktem Maße technogene Substrate, wie z.B. Bauschutt und Aschen verwendet wurden. Beispiele der ursprünglichen Bodenentwicklung finden sich in dem an die Zeche angrenzenden Park, der weitgehend frei von Einmengungen standortfremder Materialien geblieben ist. In Abhängigkeit von der Geländemorphologie dominieren dort noch heute Parabraunerden bis Pseudogleye.

Tiefe [cm]	P43 Horizont
+3	L
-0	Of
-9	Ah
-29	Bv
-41	Bv-Sw
-59	Sw
-76	Sw2
-94	Sd
-112	Sd-Go
-140	Go

Der **Braunerde-Pseudogley (P43)** aus dem Zechenpark Rheinelbe herangezogen. Der Bereich zeigt eine reduzierte biologische Aktivität, da die anfallende Laubstreu aus Eichen- und Buchenblättern sowie Fichtennadeln verzögert umgesetzt wird, und sich bereits ein Auflagehumuspaket akkumuliert hat. Dadurch, daß der Anteil schnell dränender Poren unterhalb des Ah-Horizontes stets unter 3% beträgt, besitzt der Standort eine geringe bis sehr geringe Luftkapazität. Dies führt dazu, daß unterhalb von 3 dm eine deutliche, für Pseudogleye typische Marmorierung auftritt. Im tieferen Unterbodenbereich ab ca. 12-14 dm sind noch Merkmale eines reliktischen Go-Horizontes zu erkennen. Durch die Sümpfungsmaßnahmen des Bergbaus ist das Grundwasser seit 1860 bis heute jedoch tiefgründig abgesenkt.

Tiefe [cm]	P44 Horizont
-3	jAh
-21	jyBv
-37	jyBv2
-56	yjC
>100	yC

Die **Braunerde (P44)** liegt, wo früher die Gleisanlagen der Zechenbahn verliefen (derzeit Birkenwald). Die heutige Ausformung des Profils erfolgte wahrscheinlich um 1927, als die Infrastruktur sowie Gebäudeanlagen teilweise abgerissen wurden. In der ca. 2 dm mächtigen Lößlehmabdeckung hat sich bereits durch die Umsetzung des organischen Bestandesabfalls der Gras-, Kraut- und Baumvegetation ein Ah-Horizont ausbilden können. Die Lößabdeckung ist, im Gegensatz zu den mit technogenen Substraten durchsetzten, bzw. die daraus aufgebauten Schichten, intensiv von Regenwürmern besiedelt.

Aus dem Bereich der 1906 errichteten und 1928 bereits wieder stillgelegten Kokerei stammt die **Pararendzina (P45)**. Der Bereich ist durch ausgelaufene Teeröle tiefgründig mit organischen Schadstoffen belastet. Trotz nur spärlicher Vegetation und Durchwurzelung scheint sich bereits ein Ah-Horizont ausgebildet zu haben. Teilweise sind die vorwiegend aus Aschen aufgebauten Auftragsschichten durch verhärtete Teeröle verfestigt und abgedichtet. Die Teeröle haben auch den Löß im Liegenden infiltriert, wobei diese zunächst nur auf Aggregat- und Kluftoberflächen in die Tiefe migrierten. Ab 16 dm Tiefe ist auch die Lößmatrix zwischen den Aggregat- und Kluftoberflächen mit Teerölen infiltriert, da sich diese über einer tieferliegenden Schicht aufstauten.

Tiefe [cm]	P45 Horizont
-8	yAch
-20	ymCc
-24	ylCc
-29	ymC2
-37	ylC
-39	jyC
-56	jymC
-62	ylC2
-75	ylC3
>80	Cv

Tiefe [cm]	P46 Horizont
-15	yjAh
-39	yjBv
-50	yjSw
-55	yjSd
-63	yjlC
-79	yjlC2
-130	yjlC4
>130	jC

Tiefe [cm]	P47 Horizont
-22	yAh
-34	ymC
-64	ymC2
-80	ymC3
-102	ymC4
-140	lCv

Die **Pseudogley-Braunerde (P46)** wurde in der Höhe der ehemaligen Kohlemagazine beprobt. In der Lößlehmüberdeckung hat die Begrünung durch eine Wiesenvegetation zu einer deutlichen Humusakkumulation im Wurzelraum geführt. Durch einen hohen Besatz an Regenwürmern kommt es auch zu einer Humusverlagerung bis in 4 dm Tiefe. Darunter ist der Auftrag aus Schichten mit technogenen Substraten sehr stark verdichtet und auch keine Besiedlung mit Regenwürmern zu erkennen.

Um neben P44 ein weiteres Beispiel der Bodenbildung auf mächtigen Aschenlagen darstellen zu können, wurde der **Regosol** aus Aschen und Kohlen **(P47)** von der Zeche Dahlbusch in Gelsenkirchen-Rotthausen ausgewählt. Auf dem Areal der erst 1966 geschlossenen Steinkohlenzeche waren ebenfalls Kokerei- und Benzolfabrikanlagen vorhanden, wobei der Regosol (P47) im westlichen Teil des ehemaligen Steinkohlenzechengeländes liegt. Dieser Geländebereich ist durch einen mächtigen Auftrag von Aschen sowie von Bauschutt-, Aschen- und Bodengemengen sehr variabler Zusammensetzung gekennzeichnet. Ursprünglich waren auf der Fläche in dem anstehenden Lößlehm (schwach) pseudovergleyte Parabraunerden bis Pseudogleye ausgebildet, welche heute z.T. bis zu 6 m überdeckt sind. Der Aschenauftrag besitzt in der 2 dm mächtigen yAh-Schicht nur eine schwache Durchwurzelung. Durch die schüttere Grasvegetation ist eine Humusakkumulation zu erwarten. Diese wird aber durch das Vorliegen hoher Kohlen(staub)anteile in ihrer farblichen Prägung überdeckt. Als Folge der groben Textur ist das Profil sehr wasserzügig, was wahrscheinlich auch dazu geführt hat, daß durch mit dem Sickerwasser verlagerten Ruß und Kohlenstaub der Lößlehm im Liegenden infiltriert wurde, was sich in einer bänderartigen schwarzen Färbung äußert.

Das dritte beprobte Zechengelände liegt in Herne-Sodingen auf dem Areal der 1872 gegründeten Zeche Mont-Cenis. Seit dem Abbruch der Firmenanlagen um 1967 ist dies eine Industriebrache, welche von der Herner Stadtbevölkerung u.a. als Hundeausführareal bzw. Abenteuerspielplatz genutzt wird. Vor der anthropogenen Überformung hatten sich in dem Bereich der Zeche Mont-Cenis in entkalktem, bis zu 2 m mächtigem, pleistozänem Löß Parabraunerden bis Braunerden ausgebildet, die im Laufe der Kohlenförderung und -veredlung meist stark gegenüber den ursprünglichen Verhältnissen verändert wurden. Häufig sind dort die natürlichen Bodenprofile mit Bauschutt, Schlacken, Aschen, Müll, und anderen technogenen Substraten sowie Bodenaushub und Bergematerial überdeckt oder abgetragen, verdichtet oder versiegelt worden. Geländeaufnahmen ergaben weiterhin, daß neben oberflächigen Beimengungen technogener Substrate auch Aufträge mit bis zu mehreren Metern Mächtigkeit auf dem Zechenareal vorliegen, und die Böden in diesen Bereichen eine hohe kleinräumige Variabilität aufweisen.

Tiefe [cm]	P48 Horizont
+4 - 0	L
-6	yjAh
-16	yjlC
-26	ylC
-30	yjlC2
-34	yjlC3
-41	yjC-fAh
-80	Al
-110	Bt
-150	Bt-Bv
-180	II Cv

Der **Regosol (P48)** stellt ein Beispiel einer weitgehend nur oberflächennahen Überformung (Auftrag ca. 4 dm) im Umfeld der ehemaligen Kokerei- bzw. Gasverarbeitungsanlage dar, wobei der liegende Pedon in seiner natürlichen Ausprägung und seinem Horizontaufbau weitgehend erhalten ist, jedoch starken kokereitypischen Immissionen (Cyanid- und Teerölinfiltration) ausgesetzt war. Das Gelände ist durch Birken schütter bestockt und zeigt in Teilbereichen der Kokerei (wie auch beim Profil) nur einen geringen Krautunterwuchs. Trotz der fehlenden Durchmischung durch Bodenwühler hat sich in ca. 25-30 Jahren unter einer Laublage in den obersten 0,5 dm ein humoser Bereich ausgebildet.

6.2.1
Allgemeine Merkmale, Säureneutralisationskapazität, Sorptionspotential und Nährstoffstatus

Auffällig ist bei den Zechenprofilen eine deutliche Verschiebung der Textur. Standen ursprünglich auf allen 3 Zechenstandorten als Substrat der Bodenbildung Lößlehme an, deren dominanteste Korngröße die Schluff-Fraktion darstellte, kommt es in den Schichten mit anthropogenen Substraten in der Feinerdematrix zu einer Abnahme des Schluff- und Tonanteils und zu einer Zunahme der Sandfraktion. Gleichzeitig steigt der *Skelettgehalt* von <1 Gew.-% in den Lößlehmhorizonten auf z.T. bis über 90 Gew.-% in den Auftragsschichten (Abb. 6.3 und 6.4). Die stärkste *Versauerung* zeigen der naturnah erhalten gebliebene Braunerde-Pseudogley aus Löß (P43) aus dem ehemaligen Park der Zeche Rheinelbe sowie der Regosol aus Schlacken, Aschen, Bergematerial über Parabraunerde aus Löß in Herne-Sodingen. In beiden Profilen ist auch der mechanisch ungestört vorliegende Lößlehm im obersten Meter sogar bis auf pH_{CaCl2}-Werte von 3,2 versauert. Die Bodenreaktion des Regosols aus flacher Lößabdeckung über Kohle, Koks, Bergematerial und Lößlehm sowie Bauschutt (P44) variiert in den Schichten ohne Bauschuttbeimengungen zwischen 4,2-5,0. In 6-10 dm Tiefe steigt die Bodenreaktion auf einen pH_{CaCl2}-Wert von 6,9 an. Das dominierende Substrat in dieser Schicht ist ein Gemenge aus mörtelreichem Bauschutt und einem lehmig, schluffigen Natursubstrat.

Den Bodenprofilen wurden über die technogenen Substratbeimengungen (v.a. dem Bauschutt) Carbonate zugeführt. Dies bedingt auch, daß in den obersten Schichten von P45 noch eine mittlere *Säureneutralisationskapazität* vorhanden ist. Die Bereiche von >3-10 dm Tiefe der Profile P44 und P46, wo ebenfalls Bauschutt vorliegt, sind durch eine als mittel bis hoch einzustufende Säureneutralisationskapazität des Carbonatpufferbereichs (SNK_{CO3}) gekennzeichnet.

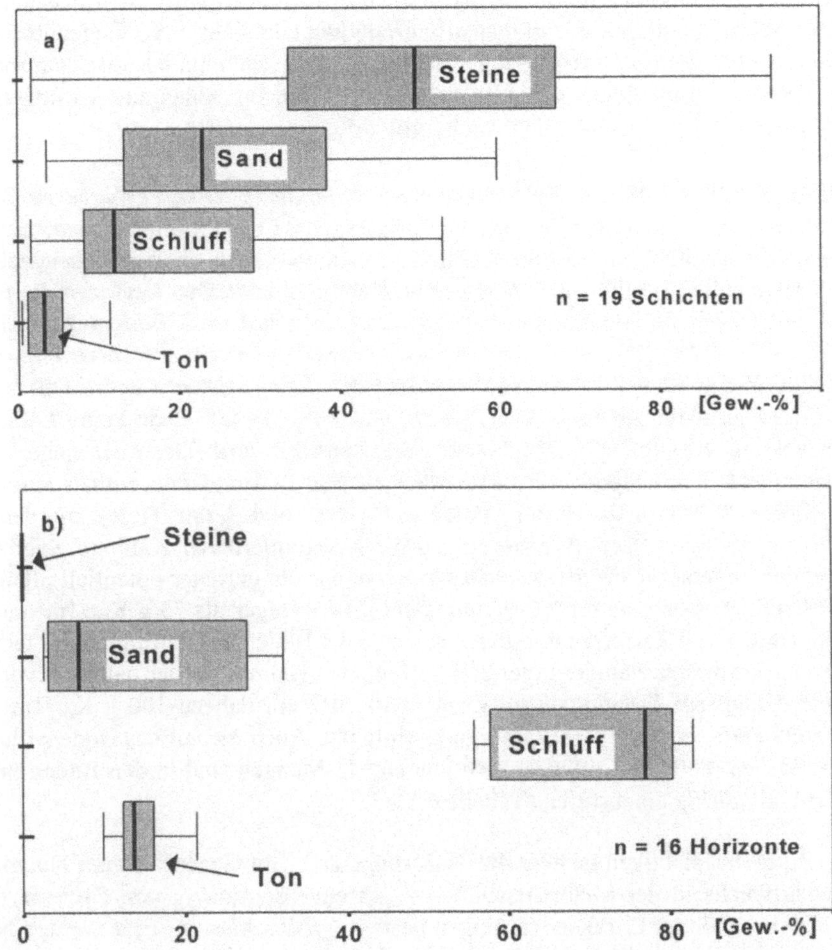

Abb. 6.3. Zusammensetzung der Korngrößenfraktionen [Gew.-%] **a** aus den Schichten anthropogener Aufträge und **b** in den Horizonten nicht veränderter Bereiche von 6 Profilen ehemaliger Zechestandorte des Ruhrgebietes (Erläuterung zum Box-Plot: Minimum, 25. Perzentil, Median, 75. Perzentil, Maximum)

Die *KAK* der Feinerdefraktion liegt in den Schichten der Substrataufträge, als auch in den Mineralbodenhorizonten des Liegenden, in der Regel nur auf einem geringen Niveau (80 mmol$_c$/kg; vgl. auch Abb. 6.4). Die Austauscher in den Profilen P43, P46 und P48 sind darüber hinaus durch eine weitgehend vollständige Belegung mit H- und Al-Ionen gekennzeichnet. Diese Standorte wären aufgrund der zu erwartenden Al-Toxizität für eine Aufforstung mit Waldbäumen im derzeitigen Zustand nicht geeignet. Bilanziert man die KAK der verschiedenen Schichten auf die Feinerderaummasse der Bodenprofile, so ergeben sich ausnahmslos sehr geringe bis geringe Kationenaustauschpotentiale (Tab. 6.5). Gegenüber dem bereits als gering einzustufenden Kationenaustauschpotential des naturnahen Braunerde-Pseudogleys, ist die bilanzierte KAK für die Böden aus Aufträgen der Zeche Rheinelbe noch deutlich weiter erniedrigt.

Bezogen auf die bis 1 m Tiefe bilanzierten, *potentiell pflanzenverfügbaren P-, K- und Mg-Nährstoffmengen* in der Feinerderaummasse der Profile ist zusammenfassend festzustellen, daß die Steinkohlenzechenareale nach Produktionseinstellung vorwiegend mesotrophe, z.T. oligotrophe Standorte darstellen. Legt man die Empfehlungen für die Düngung von Acker- und Grünland nach Bodenuntersuchung der VDLUFA (1983) zugrunde, ist die potentiell pflanzenverfügbare Phosphormenge in den Böden aus Substrataufträgen der Steinkohlenzechen im Oberboden vorwiegend dann gering (<10 g P_{DL}/1m² und 3 dm Tiefe) wenn keine Lößlehmabdeckung vorliegt und das Skelett berücksichtigt wird. Der überwiegend aus Natursubstrat bestehende Oberbodenbereich von P44 und P46 enthält eine dem mittleren Versorgungsbereich (10-26 g P_{DL}/1m² und 3 dm Tiefe) zuordenbare Phosphormenge. Nach Bilanzierung des DL-extrahierbaren Kaliums zeigt sich, daß der Vegetation auf den Zechenstandorten nur ein geringer potentiell pflanzenverfügbarer K-Vorrat zur Verfügung steht. Mit weniger als 75 g K_{DL}/1m² und 10 dm Tiefe in der Feinerderaummasse besitzen die Böden aus Aufträgen mit technogenen Substraten weniger potentiell verfügbares Kalium als der naturnah verbliebene Braunerde-Pseudogley im Zechenpark, der mit nahezu 100 g K_{DL}/1m² und 10 dm Tiefe eine mittlere Versorgungsstufe hat. Auch die auf das Bodenvolumen bezogenen, potentiell pflanzenverfügbaren Mg-Mengen sind in den Böden (außer P46), als gering einzustufen (Tabelle 6.5).

Zu berücksichtigen ist aber die Tatsache, daß — im Gegensatz zum Nutzpflanzenaufwuchs in der Landwirtschaft — an eine Begrünung von Zechenarealen keine besonderen Ertragserwartungen gestellt werden müssen. Eine weitere Nährstoffzufuhr in die Böden nach oder durch Sanierungsarbeiten bzw. landschaftspflegerischer Überarbeitungen des Geländes sollte auch aus vegetationskundlicher Sicht unterbleiben. Eine Aufkalkung der stark versauerten Bereiche wäre aber zur Erhaltung des niedrigen Kationenaustauschpotentials sowie zur Reduzierung einer Al-Toxizität und Schwermetallmobilität unabdingbar.

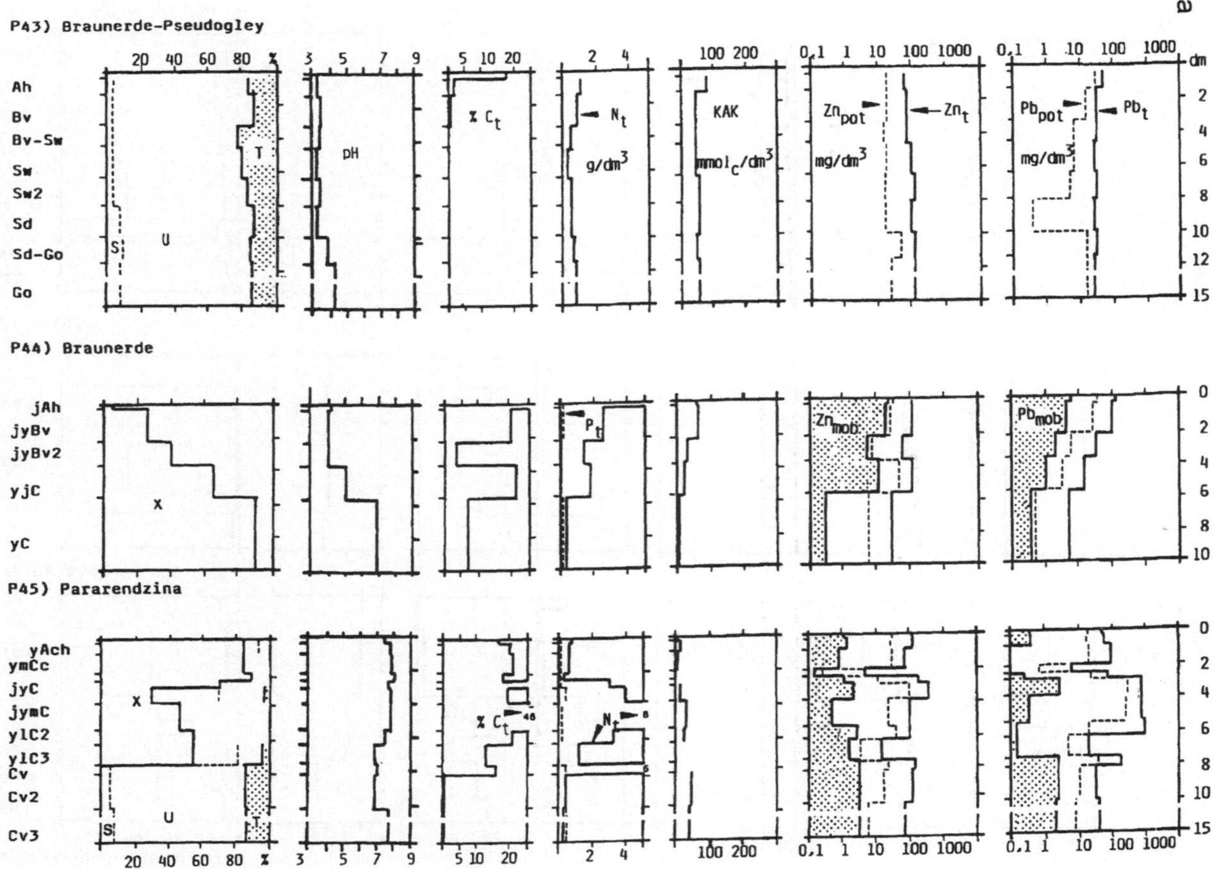

Abb. 6.4. Tiefengradienten von Bodenkennwerten der Zechen- und Kokereistandortprofile
a P43-P45 und **b** P46-P48

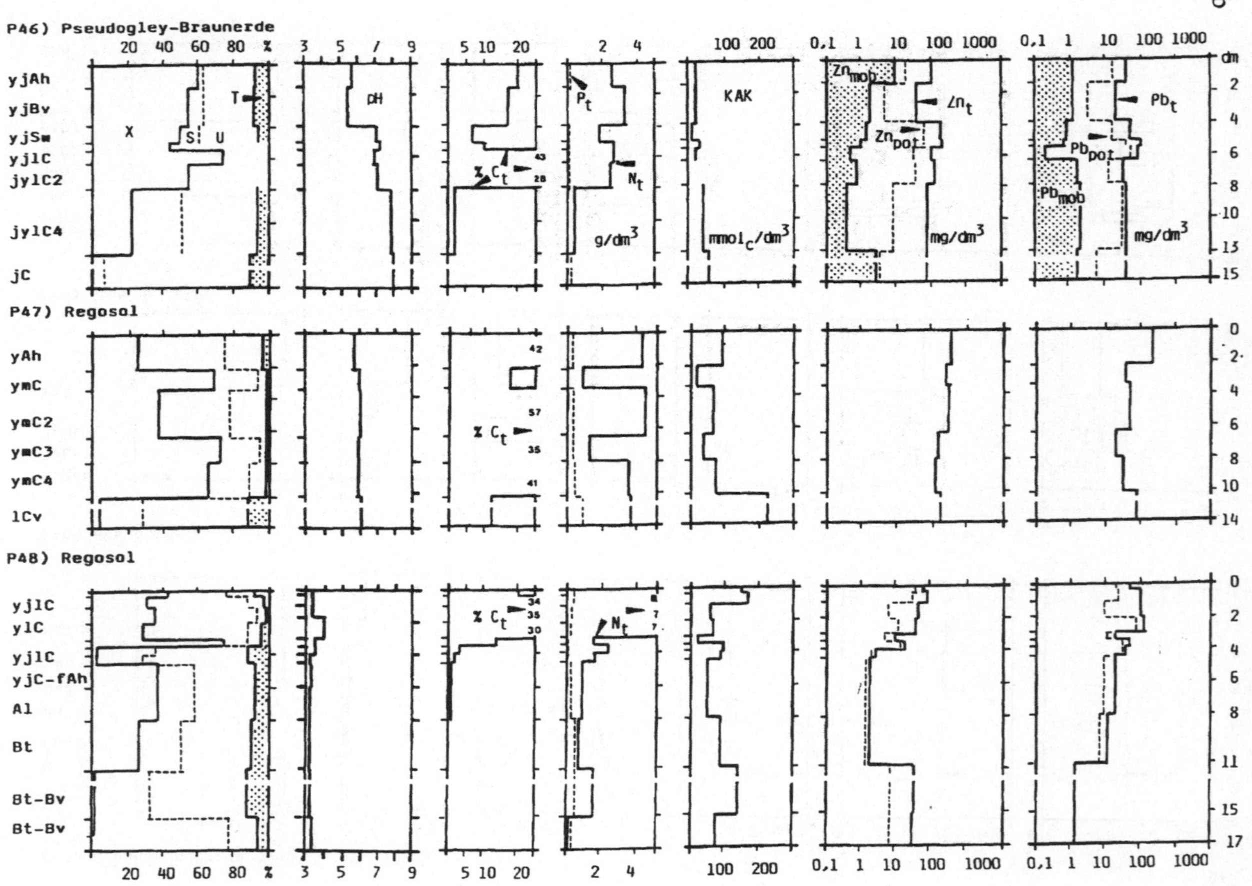

Abb. 6.4b.

Tabelle 6.5. pH-Wert, Säureneutralisationskapazität, Kationenaustauschkapazität und Nährstoffmengen der Feinerderaummasse von 5 Profilen anthropogener Aufträge (P44-P48) von Zechen- und Kokereistandorten sowie eines naturnahen Vergleichsprofils (P43)

Profil-Nr.	Tiefe [dm]	pH $CaCl_2$	SNK_{CO3} [mol_c / m²]	KAK	N_t	P_t	P_{DL} [g/m²]	K_{DL}	Mg_{CaCl2}
	Auflage	3,2-3,7	0	0,5	25			0,6	0,2
P43	0-3	3,3-3,4	0	17,6	273	29	12,5	26,1	9,1
	> 3-10	3,2-3,8	0	38,6	239	147	36,2	72,1	23,0
P44	0-3	4,0-4,2	0	13,6	662	39	16,1	14,0	16,6
	> 3-10	4,0-6,9	728	27,0	1.090	79	31,6	45,1	33,9
P45	0-3	7,5-8,0	46	1,9	285	15	7,5	7,7	4,1
	> 3-10	6,9-7,8	175	21,0	2.200	171	109	69,4	47,9
P46	0-3	5,5-5,7	0	7,7	1.010	40	19,1	24,5	25,3
	0-10	5,5-7,3	452	21,7	1.730	119	62,1	38,7	34,8
P47	0-3	5,7-6,0	0	20,7	1.010	60	3,2	11,5	7,7
	> 3-10	6,0-6,1	0	42,8	2.280	217	11,9	20,3	9,1
	Auflage	3,6	0	1,7	59	3	0,2	0,8	0,5
P48	0-3	3,3-4,0	0	24,8	1.930	60	6,9	9,9	3,8
	> 3-10	3,2-3,4	0	67,6	954	184	13,5	46,9	12,6

6.2.2
Schwermetallstatus

Der in einem Waldstück des Rheinelbeparks gelegene, naturnah verbliebene Braunerde-Pseudogley aus Löß (P43) zeigt eine Schwermetallverteilung im Profil, die bereits von anderen Waldstandorten bekannt ist. Die höchsten *königswasserlöslichen SM-Konzentrationen* finden sich in den Auflagehorizonten, in welchen die Meßwerte der Elemente Blei (bis 365 mg/kg), Zink (bis 262 mg/kg), Kupfer (bis 63 mg/kg) und Cadmium (bis 1,3 mg/kg) stets deutlich höher sind als in den Mineralbodenhorizonten (Pb: 14-35 mg/kg, Zn: 44-67 mg/kg, Cu: 4-9 mg/kg, Cd: < 0,1-0,7 mg/kg). Bezieht man jedoch diese Elementkonzentrationen auf ein Volumen, so zeigt sich, daß die organischen Auflagehorizonte infolge ihrer sehr niedrigen Lagerungsdichte (< 0,2 g/cm³) im Vergleich zu den Mineralbodenhorizonten nur wenig zur Gesamtschwermetallfracht des Bodens beitragen (Tab. 6.6).

Charakteristikum der schichtig aus oder mit technogenen Substraten aufgebauten Zechen- und Kokereiböden aus Substrataufträgen (P44-P48) ist ein ungleichmäßiger und sehr sprunghaft verlaufender SM-Gehalt im Profil (vgl. Abb. 6.4a,b). In den Horizonten des Liegenden konnten mit Ausnahme des Cv-Horizonts von P45, auf welchem die Aufschüttungsschichten liegen und worin 116 mg Pb/kg gemessen wurden, keine erhöhten Schwermetallgehalte festgestellt werden.

Tabelle 6.6. Schwermetallmengen der Feinerderaummasse von 5 Böden aus anthropogenen Aufträgen (P44-P48) von Zechen- und Kokereistandorten sowie eines naturnahen Vergleichsprofils (P43)

Profil-Nr.	Tiefe [dm]	Ni_t	Ni_{pot}	Cu_t	Cu_{pot}	Zn_t [g/m²]	Zn_{pot}	Cd_t	Cd_{pot}	Pb_t	Pb_{pot}
	Auflage	< 0,1	< 0,1	0,2	0,1	0,8	0,2	< 0,1	< 0,1	1,1	0,9
P43	0-3	2,2	1,6	2,3	1,3	21,3	6,3	0,2	<0,1	11,2	6,2
	> 3-10	17,8	3,7	9,3	7,1	76,0	14,8	<0,3	< 0,1	20,5	4,2
P44	0 -3	4,1	1,0	16,9	7,0	29,3	4,8	< 0,1	< 0,1	21,6	5,2
	> 3-10	15,5	4,1	15,8	4,9	111	26,5	0,6	<0,2	16,7	2,5
P45	0 -3	2,0	0,4	4,9	1,2	30,7	6,5	0,1	< 0,1	18,1	4,9
	> 3-10	17,0	8,1	27,9	6,4	71,6	14,6	<0,4	<0,2	265	60,9
P46	0 -3	3,5	1,4	3,6	1,3	21,6	3,7	0,1	< 0,1	9,3	3,0
	> 3-10	9,4	2,5	29,1	9,8	89,5	23,7	<0,2	< 0,2	40,6	21,7
P47	0 -3	5,8		43,0		112		0,1		52,0	
	> 3-10	11,7		21,0		155		<0,2		24,5	
	Auflage	0,1	< 0,1	0,3	<0,1	0,8	0,4	< 0,1	< 0,1	0,6	0,2
P48	0 -3	1,5	0,3	6,3	3,9	13,9	3,9	< 0,1	< 0,1	31,1	10,2
	> 3-10	4,9	0,6	10,0	6,7	n.B.	4,8	<0,1	< 0,1	18,9	13,4

Tabelle 6.7. Faktoren zur Abschätzung der x-fachen SM-An- bzw. SM-Abreicherung über den SM-Hintergrundgehalt in Profilen anthropogener Aufträge von Zechen- und Kokereistandorten auf der Basis eines naturnahen Vergleichsprofils (P43)

Profil	Blei	Cadmium	Kupfer	Nickel	Zink
P44	+0,2	+1,0	+1,8	±0,0	+0,4
P45	+8,0	+0,3	+1,8	±0,0	+0,1
P46	+0,6	-0,3	+1,8	-0,4	+0,1
P47	+1,4	-0,3	+4,5	-0,1	+1,8
P48	+0,6	-0,7	+0,4	-0,7	-0,8

Die höchsten Konzentrationen in den Profilen wurden stets bei Zink und Blei gemessen. Insbesondere die Pararendzina P45 zeigt im Tiefenbereich von 4-6 dm mit 1.000-1.490 mg Pb/kg die höchsten Gehalte in diesen 5 Profilen aus Substrataufträgen, während hier Zink mit ca. 130 mg/kg nur etwas erhöhte Werte besitzt. Die Profilansprache ergab, daß dieser Bereich wahrscheinlich eine alte Geländeoberfläche war, die ursprünglich mit Aschen und Bergematerial befestigt wurde. In den später darüber abgelagerten Auftragsschichten, welche stark ziegelhaltigen Bauschuttgrus, Aschen, und verhärtete Teeröle enthalten, dominiert Zink mit 340-684 mg/kg vor Blei (180-630 mg/kg). Im Bereich ab 6 dm unter Geländeoberkante, wo der Anteil der technogenen Substrate sich stark reduziert und ab ca. 8 dm der native Lößlehm ansteht, gehen Pb_t und Zn_t auf Konzentrationen unter 50 bzw. 100 mg/kg zurück. Auch der Regosol aus Aschen und Kohlen der Zeche Dahlbusch (P47) enthält in den Aschenschichten deutliche Zn-Belastungen, die in den obersten 8 dm zwischen 576 und 725 mg/kg variieren. Im Liegenden besitzt der unter der Aschenauflage folgende Lößlehm mit 135 mg Zn/kg deutlich höhere

Zn_t-Werte als die Lößlehme im Liegenden der anderen Profile (Zn_t << 100 mg/kg), so daß dort eine Akkumulation von verlagertem Zink denkbar ist. Diese Annahme stützen noch Beobachtungen bei der Probenentnahme im Gelände, wo in diesem Bereich auch infiltrierte Kohlenstoffverbindungen aufgrund ihrer schwarzen Färbung in Poren und auf Aggregatoberflächen des gelbbraunen Lößlehms visuell wahrnehmbar waren. Auch sind in den Auftragsschichten sehr hohe Zn_{mob}-Gehalte meßbar (s.u.). Bei der statistischen Verrechnung der Probenkollektive ergeben sich für die Auftragsschichten keine Beziehungen zwischen den Me_t-Gehalten und den C_t-, Ton- oder Eisen- und Manganoxidgehalten, was in Böden aus Substrataufträgen — anders als in Böden des ländlichen Raums — häufiger festzustellen ist. Legt man zur Abschätzung der Hintergrundbelastung die SM-Gehalte der naturnah verbliebenen Braunerde-Pseudogley (P43) zugrunde, bedeutet dies, daß in den Böden aus Substrataufträgen in der Regel erheblich über den zu erwartenden SM- Hintergrundmengen Blei, Kupfer und Zink akkumuliert sind (Tabelle 6.7).

Der prozentuale Bezug der *SM-EDTA-Fraktion* auf die SM-Gesamtgehalte ergibt zunächst, daß die ökotoxischen Schwermetalle in der ersten Oberbodenschicht aller Profile höhere potentiell pflanzenverfügbare Anteile aufweisen als in der darauffolgenden Schicht. Dies resultiert wahrscheinlich aus der hohen Adsorptionskapazität von Humus gegenüber den eingetragenen Schadstoffen. Die im Humus gebundenen Schwermetalle werden dann infolge der Umkomplexierung im EDTA-Extrakt gelöst. In der Regel zeigt sich, daß die potentielle Pflanzenverfügbarkeit der Schwermetalle in den Auftragsschichten wie folgt abnimmt:
Cd (Z = 53%) > Pb (Z = 34%) > Cu (Z = 32%) > Zn (Z = 25%) > Ni (Z = 22%).

Diese Abfolge ist auch von Ackerböden des ländlichen Raumes bekannt (Hornburg u. Brümmer 1993), die ein ähnliches pH-Spektrum, jedoch ein wesentlich niedrigeres SM-Niveau, wie diese Auftragsschichten besitzen. In den Mineralbodenhorizonten der Braunerde P44 und den nicht mit technogenen Substraten durchmengten Horizonten des Liegenden ergibt sich eine Veränderung in der SM-Extrahierbarkeit durch EDTA wie folgt:

Cd (Z = 90%) > Cu (Z = 59%) > Ni (Z = 32%) > Pb (Z = 30%) > Zn (Z = 19%).

Die Auswertung der mobilen Schwermetallgehalte ergab, daß auf den Zechenstandorten bei Blei und Zink hohe mobile Gehalte vorliegen, die teilweise erheblich oberhalb der in der 3. Verwaltungsvorschrift des Umweltministeriums zum Bodenschutzgesetz Baden-Württemberg über die Ermittlung und Einstufung von Gehalten anorganischer Schadstoffe im Boden (VwV-Ba.-Wü. 1993) niedergelegten Prüfwerte für das Schutzgut Sickerwasser liegen. Sehr wahrscheinlich kommt es hier zu einem Durchbruch von mobilisierbarem Zink und Blei aus den Auftragsschichten in das Liegende. So sind z.B. in den Aschenauftragsschichten von P47 bis zu 20 mg Zn_{mob}/kg und 1,8 mg Pb_{mob}/kg gemessen worden, während im Liegenden sich die Werte auf 0,6 mg Zn_{mob}/kg bzw. < 0,1 mg Pb_{mob}/kg reduzieren. Bei Betrachtung der prozentualen ammoniumnitratlöslichen Pb- und Zn-Anteile von Pb_t und Zn_t fällt somit auf, daß insbesondere die versauerten Boden-

128

profile erhöhte mobile SM-Anteile besitzen, wobei Zink zumeist höhere Löslich-
keiten aufweist als Blei. Ursächlich hierfür ist wahrscheinlich das allgemeine pH-
abhängige Verhalten der Schwermetalle in Böden, welche bei absinkendem pH-
Wert elementspezifisch verstärkt in die Bodenlösung übergehen (vgl. Abb. 6.5)

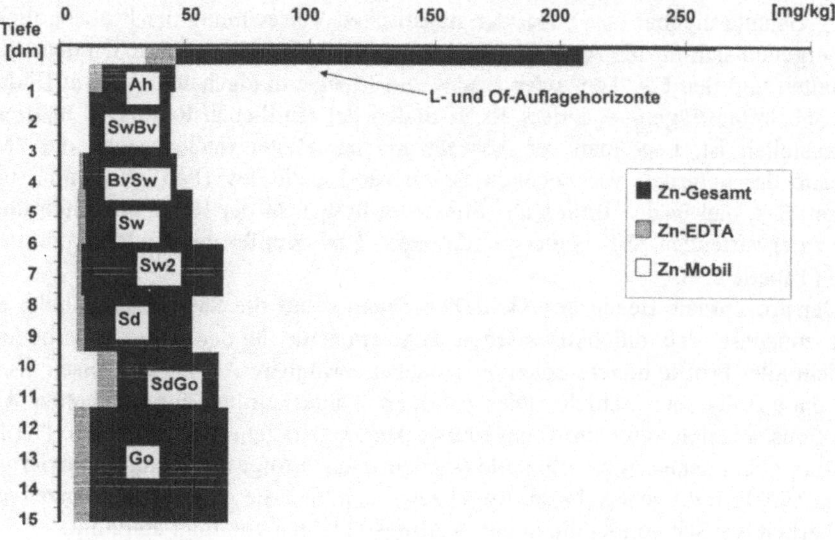

Abb. 6.5. Tiefenverteilung unterschiedlicher Zinkfraktionen einer naturnah in einer Park-
anlage von Gelsenkirchen erhalten gebliebenen versauerten Pseudogley-Braunerde (P43;
pH_{CaCl2} 3,2-4,0)

6.3
Böden im Einflußbereich einer Eisenhütte

Im Rahmen der industriellen Entwicklung des Ruhrgebietes spielt nicht nur der Steinkohlenabbau, sondern auch die Eisenhütten- und Stahlindustrie eine wichtige Rolle. Aufgrund verkehrstechnischer Überlegungen wurde 1902 von August Thyssen ein Eisenhüttenbetrieb als Zulieferer für die Stahlwerke und Gießereien in Hamborn und Mühlheim in Duisburg-Meiderich aufgebaut, der von Mai 1903 bis April 1985 insgesamt ca. 37 Mio. t Roheisen produzierte (Ebert 1992). Bodenkundliche Kartierungen und Profilaufnahmen auf dem Gelände des ehemaligen Eisenhüttenwerkes zeigten, daß die Böden des Werksgeländes vielfältig und häufig mehrere Meter tief umgestaltet wurden, wobei nicht nur natürliche Substrate (Kiese und Sande, Erze, entwickelte Böden), sondern in starkem Maße technogene Substrate aus dem Betrieb des Werkes (Bauschutt, Schlacken, Formsande, Aschen, (Gichtgas-)Schlämme, Teerreste, etc.) in Senken eingefüllt oder aufgeschüttet wurden. Vereinzelt wurden noch punktuell Böden vorgefunden, die eine relativ naturnahe Ausprägung besitzen und somit Relikte der alten Bodenentwicklung in einem Umfeld von Bodenbildungen aus technogenen Substraten darstellen. Aber auch diese „naturnahen Bodenbildungen" sind durch Immissionen beeinflußt. Um den Immissionseinfluß von Eisenhüttenwerken auf die Böden der Umgebung besser einschätzen zu können, wurden 1993 landwirtschaftlich genutzte Flächen, die in unmittelbarer Nachbarschaft östlich des Eisenhüttenkomplexes gelegen sind, untersucht.

Das Eisenhüttenwerk und die Fläche des ehemaligen landwirtschaftlichen Betriebes liegen in der Rheinischen Niederterrasse, auf welcher die Sedimente der Emscher zur Ablagerung kamen. Nach der Profilbeprobung und der Bodenkarte Duisburg (Blatt L 4506) liegen im ehem. landwirtschaftlich genutzten Untersuchungsgebiet Braunauenböden, Parabraunerden und Gley-Braunerden vor, deren Bodenart als stark sandiger Lehm bis lehmiger Sand ausgewiesen ist. Es ist wahrscheinlich, daß auf dem Gelände der Eisenhütte ehemals ähnliche Bodenverhältnisse vorlagen. Zur Charakterisierung der Bodeneigenschaften wurden auf dem Werksgelände 2 Profile und daneben noch verschiedene Oberböden sowie Monosubstrate beprobt. Auf der angrenzenden landwirtschaftlichen Nutzfläche des Ingenhammshofes wurden 4 Profile angelegt und davon für die hier vorliegende Arbeit 2 Profile zur weiteren Stoffbestandscharakterisierung ausgewählt.

Tiefe [cm]	P49 Horizont
30	Ap
-46	aM
-143	aGo

Die **Braunauenböden (P49 und P50)** liegen auf dem ehemals landwirtschaftlich genutzten Gelände, wo bei P49 etwa 850 m, P50 ca. 350 m in westlicher Richtung der Hochofenanlage des Eisenhüttenwerkes liegt. Bis Ende der 50er Jahre wurde das Gelände vorwiegend als Wiese oder Weide genutzt, danach

Tiefe [cm]	P50 Horizont
-28	Ap
-43	Bv
-103	aM
-160	aGo

wurde vorwiegend Ackerbau betrieben. Durch die ackerbauliche Nutzung hat sich ein ca. 3 dm mächtiger Ap-Horizont entwickelt. Darunter zeigen die beiden Profile, daß, der Schleppgeschwindigkeit des Wassers von Rhein bzw. Emscher entsprechend, sandige mit kiesigen Schichten im Wechsel vorliegen. Durch die Begradigung der Emscher hat der Standort bereits um 1900 seine Auendynamik verloren, so daß sich Braunauenböden entwickeln konnten, die im Untergrund noch relikte Gleymerkmale zeigen.

Tiefe [cm]	P51 Horizont
-37	R-Ah
-51	Bv
-70	Bv2
-100	Bv3

Auf dem Gelände des Eisenhüttenwerkes befindet sich **(P51)**, eine **Hortisol-Braunerde** aus fluviatilem Sand über Lehm die in einer Nische zwischen Wegen, Gleisanlagen und Gebäuden in einem ca. 300 m² großes Areal erhalten geblieben ist. Hier läßt sich kein nennenswerter Abtrag feststellen und es wurden auch keine Schichten mit Natursubstraten oder technogenen Materialien aufgetragen. Dieses Profil ist z.T. noch ein Beispiel der Bodenentwicklung, wenngleich die heutigen Bodeneigenschaften durch die ehemalige Gartennutzung sowie Immissionen verändert sind.

Tiefe [cm]	P52 Horizont
-2	yAchi
-25	ymCc
-200	ymCc2

Als viertes Profil wurde ein **Syrosem aus (carbonatisch verfestigter Eisenhütten-)Schlacke (P52)** ausgewählt, bei dem es sich um einen aus Eisenhüttenschlacke bestehenden ehemaligen Bahndamm handelt, der wahrscheinlich Anfang des Jahrhunderts angelegt wurde. Dieser Bahndamm hat sich durch Carbonatisierungsvorgänge der Schlacken zum massiven Korpus verfestigt. Seit Stillegung des Eisenhüttenwerks um 1985 unterliegt auch dieser Standort einer weitgehend ungestörten Bodenbildung, was sich dadurch äußert, daß der massive Schlackenkörper an der Oberfläche in den obersten 2 cm bereits vergrust und eine Besiedlung durch Moose bereits erfolgt ist.

6.3.1
Allgemeine Merkmale, Säureneutralisationskapazität, Sorptionspotential und Nährstoffstatus

Vor allem die Kernbereiche der Areale der Eisenhüttenindustrie sind Beispiele starker Bodenveränderungen mit engräumig wechselnden Bodenformen. Als Hauptbodenformen sind dort Syroseme, Rendzinen und Pararendzinen aus Bau- und Trümmerschutt, Eisenhüttenschlacken und Aschen, häufig im Gemenge mit (lehmig-schluffigen) Sanden miteinander vergesellschaftet. Regosole finden sich verstärkt in den Zonen ehemaliger Kohle-, Erz- und Zuschlagsstofflagerstätten. Böden naturnaher Ausprägung sind in den Kernzonen der Eisenhüttenindustrieanlagen nur noch punktuell erhalten, im Oberboden (auch durch alkalische Stäube) eutrophiert, stets mit Schadstoffen kontaminiert. Durch die fortwährenden Abriß- und Neubaumaßnahmen während des Betriebes der Eisenhüttenanlagen finden sich verbreitet Unterbodenversiegelungen durch Fundamente, Keller, entdeckelte Tanks etc., was aber nur lokal zu einem Wasserstau bis in den Oberbodenbereich führt.

Der Kies- und Schotteranteil der Braunauenböden variiert den Sedimentationsbedingungen entsprechend, liegt aber im Bereich mittel bis stark. In der auf dem Hüttengelände beprobten Hortisol-Braunerde sind bis zur Unterkante des durch gärtnerische Umgrabearbeiten durchmischten Bereiches (37 cm Tiefe) auch noch technogene Substrate eingemengt (< 5% an Ziegelgrus, Kohle und Glasscherben). Der Skelettgehalt ist im ganzen Profil durchweg schwach. Die Bodentextur der Feinerdefraktion ist — im Gegensatz zu den Profilen P49 und P50, in denen der Sand dominiert — ein schluffig- lehmiger Sand im oberen Profilbereich, ab ca. 7 dm Tiefe ein lehmig-sandiger Schluff. Als krasser Gegensatz zu den 3 vorgenannten Profilen wurde der Syrosem aus carbonatisch verfestigter Eisenhüttenschlacke (P52) gewählt, der sich in einer Bahndammanschüttung gebildet hat. Aufgrund der hydraulischen Eigenschaften von an der Luft abgekühlten Eisenhüttenschlacken, werden diese heute vollständig weiterverarbeitet und als selbsthärtendes Straßenbaumaterial oder auch als (Hochofen-)Zement eingesetzt. Nach Drissen (1991) sind die Hauptbestandteile der Hochofenschlacke etwa 40% CaO, 35% SiO_2, 11% Al_2O_3 und 8% MgO. Weitere Bestandteile sind MnO, FeO, TiO, Alkalioxide und Schwefel.

Durch die Reaktion mit CO_2 aus der Luft und Wasser kann es bei der Hochofenstückeschlacke zu Mineralneubildungen kommen, wobei sich die Kalksilicate und -aluminate in Hydrat- und Carbonatphasen umbilden. Diese Neubildungen führen zu einer Verfestigung und damit zu einer Verbesserung der Tragfähigkeit, was z.B. im Straßenbau in Form einer geringer dimensionierten Tragschicht (ohne Bindemittelzusatz) berücksichtigt wird.

Bei dem Profil P52 aus verfestigter Eisenhüttenschlacke sind die ehemaligen Schlackenstrukturen z.T. noch makromorphologisch erkennbar, jedoch sehr stark miteinander verkittet. Dies ist wahrscheinlich Folge einer oben ausgeführten thermodynamischen Umsetzung der Schlacken mit CO_2 aus der Atmosphäre und Regenwasser, wobei es über eine Carbonatisierung zu einem Zusammenwachsen der ehemals singulären Schlackensteinaggregate kam. Es sind aber durchaus noch Makroporen und größere Hohlräume in derartigen Ablagerungen festzustellen. In den obersten 2 cm des Profils war bereits eine Vergrusung bzw. Granulierung erkennbar, ein Hinweis auf die laufende chemische Verwitterung, da es durch eingetragene Säuren zur Lösung der verkittenden Carbonate kommt. Infolge des fehlenden Wurzelraums konnte nur eine starke Vermoosung (keine Grasvegetation) festgestellt werden.

Die **Bodenreaktion** in den beiden vergleyten Braunauenböden (P49-P50) der Ackerfläche liegt mit pH_{CaCl2}-Werten von 6,1-7,4 in einem schwach alkalischen bis schwach sauren Bereich, es sind keine Carbonate nachweisbar. Der pH_{CaCl2}-Wert der Hortisol-Braunerde liegt i.d.R. bei 6,5 und auch noch minimale Carbonatgehalte (< 0,5%) sind nachweisbar. Aufgrund des alkalisch wirkenden Ausgangssubstrats liegen auch die pH_{CaCl2}-Werte von P52 stets im schwach bis mäßig basischen Bereich; leicht lösliche Carbonate von 1,5-5,2% sind in der Feinerdefraktion nachweisbar.

Im alkalischen Milieu liegende pH-Werte sind auf Eisenhütten- und Stahlwerkstandorten die Regel, da bei den Produktionsprozessen zum einen Kalk eingesetzt wird, sowie durch thermische Prozesse alkali- und erdalkalioxidhaltige Reststoffe (Stäube, Schlacken, Aschen) entstehen. Stark bis extrem alkalische Reaktionen zeigten so z.B. verschiedene Schlacken (pH_{CaCl2} = 9,0-11,3), Aschen (pH_{CaCl2} = 9,8) und auch der Gichtgasstaub (pH_{CaCl2} = 11,4) vom Hüttengelände (vgl. Kap. 3.6). Der Gichtgasstaub besteht aus ca. 50% Eisenerzstaub und darüber hinaus aus Koks-, Dolomit- und Kalksteinstaub (Ebert 1992). Dies führt dazu, daß die Oberböden auf dem Eisenhüttengelände in der Regel alkalisiert sind, was aber auch an anderen Industriestandorten des Ruhrgebietes festgestellt werden kann.

Entsprechend der ackerbaulichen Nutzung sind die in den Ap-Horizonten der beiden vergleyten Braunauenböden vorliegenden 2,1% *Kohlenstoff* im für diese Nutzung durchaus üblichen Bereich und als mittel humos einzustufen. Mit bis zu 6,8% C_t wurden in der ehemals gärtnerisch genutzten Hortisol-Braunerde sehr stark humose Verhältnisse im 37 cm mächtigen R-Ah-Horizont vorgefunden. Jedoch sind auch dort Steinkohlebruchstücke vorgefunden worden, was darauf hinweist, daß die „Humusgehalte" überhöht sind, da bei der konduktometrischen C-Messung auch Kohle miterfaßt wird. Die *C/N-Quotienten* von 16 sind in den Ap-Horizonten der vergleyten Braunauenböden weitgehend im gleichen Bereich wie im Oberboden der Hortisol-Braunerde (P51) (15-19) innerhalb des Hüttengeländes. Der yAchi-Horizont des Syrosems (P52) ist stark mit den Rhizomen von Moosen durchsetzt, so daß eine Abtrennung zwischen Humus und unzersetzter organischer Substanz nicht möglich war. Trotzdem ist zu erwarten, daß in diese stark rauhe Oberfläche auch humushaltige Stäube eingeweht wurden, bzw. sich aus abgestorbenem Moos Humus gebildet hat, was letztendlich zu dem C_t-Gehalt von 8,3% beiträgt. In den tieferen Schichten gehen die C_t-Gehalte auf 1,3 bis 1% zurück. Andererseits hat sich auch von den nahegelegenen Hochöfen emittierter Gichtgasstaub (C/N-Quotient von 135) im Oberboden akkumuliert.

Durch die *Säureneutralisationsuntersuchung*, ergibt sich in beiden Braunauenbodenprofilen (P49 und P50), daß der Carbonatpufferbereich noch nicht völlig erschöpft ist. Dies resultiert aus der Einwehung alkalischer Stäube von der Eisenhütte bzw. (wahrscheinlicher) der nahegelegenen, stark befahrenen Bundesstraße B8 her. In der auf dem Hüttengelände vorliegenden Hortisol-Braunerde waren geringe Carbonatgehalte ($\leq$ 0,5%) im ganzen Profil nachweisbar. Die höchsten Säureneutralisationskapazitäten besitzt der Syrosem aus Schlacke, der stark carbonathaltig ist (Tabelle 6.8).

Infolge der Dominanz des Sandes in der Feinerdefraktion (vgl. Abb. 6.6) in den beiden Profilen P49 und P50 ist auch die *KAK* in der Regel als niedrig bis sehr niedrig einzustufen. Der höhere Humusgehalt führt in Verbindung mit ebenfalls höheren Tongehalten in der Feinerdefraktion zu einer KAK, die in diesem Profil in den obersten 2 dm als hoch, darunter als mittel einzustufen ist. Ein sehr hoher KAK-Wert (mit nahezu 200 $mmol_c$/kg) wurde in dem nur 2 cm mächtigen, sehr stark C_t-haltigen yAchi-Horizont des Syrosems (P52) gemessen. Auch in der Feinerdefraktion der darunter liegenden Schichten sind noch mittlere Kationenaustauschpotentiale feststellbar (89-96 $mmol_c$/kg). Wird die KAK auf die Feinerderaummasse bezogen, besitzen die beiden Braunauenböden im Oberboden nur noch eine KAK von 31 bzw 32 mol_c/m²; bei der Hortisol-Braunerde hingegen ist, aufgrund des nur schwachen Skelettgehaltes, mit 53 mol_c/m² immer noch ein hohes Sorptionspotential vorhanden. Ganz anders verhält sich dies bei P52, welches von den obersten 2 cm bis in 5,4 dm Tiefe sehr stark skeletthaltig ist. In dem daran anschließenden Bereich (bis > 2 m unter GOK) steht ein weitgehend massiver, aber mit Hohlräumen durchsetzter Block aus durch Carbonatbildung aggregierten Eisenhüttenschlacken an. Die auf das Volumen bezogene KAK ist in diesem Profil als sehr niedrig einzustufen (Tabelle 6.8).

Die *Stickstoffgesamtgehalte* befinden sich in den Ap-Horizonten von P49 und P50 mit 1.300 mg/kg auf gleichem Niveau und nehmen mit der Tiefe im Unterboden auf 600-200 mg/kg ab. Beide Standorte besitzen somit für Ackerböden durchaus übliche Gehalte. Wesentlich höhere Konzentrationen enthalten die Ober- und Unterbodenhorizonte der Hortisol-Braunerde, wo im R-Ah-Horizont zwischen 4.300 und 1.800 mg N_t/kg und auch im Bv3-Horizont (7-10 dm) noch 800 mg N_t/kg gemessen wurden. Der Stickstoff ist dabei nahezu ausschließlich mit dem Humus assoziiert, wie eine sehr enge und sehr hoch signifikante Beziehung zwischen den Variablen N_t und C_t zeigt. Mit 9.500 mg/kg wurden die höchsten N_t-Konzentrationen in dem nur 3 cm mächtigen yAhi-Horizont des Syrosems aus carbonatisch verfestigter Eisenhüttenschlacke ermittelt. Höhere Stickstoffgesamtgehalte wurden nur noch in Proben aus Auflagehumushorizonten oder Kompost gemessen.

Aus der Auswertung der *königswasserlöslichen Phosphatgehalte* ergeben sich in den vergleyten Braunauenböden (P49 und P50) sowie der Hortisol-Braunerde (P51) im Oberboden extrem hohe P_t-Konzentrationen (i.d.R. >1.000 mg/kg). Im Unterboden gehen die Konzentrationen auf 300-400 mg (P49 und P50) zurück; bei der Hortisol-Braunerde sind aber auch im Unterboden bis in 1 m Tiefe noch sehr hohe P-Gehalte meßbar (bis 860 mg P_t/kg). Insgesamt sind die auf das Volumen bezogenen Phosphatmengen im Oberboden der Profile P49-P51 als hoch einzustufen. Werden die P-Vorräte bis in 1 m Tiefe aufsummiert, so besitzen die Böden P49 und P50 einen mittleren, P51 einen hohen Phosphatvorrat. Auch die Gehalte an *potentiell pflanzenverfügbarem Phosphat* ergeben in den Oberbodenhorizonten der beiden Ackerprofile mit 43 bzw. 89 mg P_{DL}/kg mittlere bis hohe P-Versorgung, während diese im Unterboden zumeist niedrig ist (< 22 mg P_{DL}/kg). Die sehr hohen P_t-Konzentrationen im ganzen Profil der Hortisol-Braunerde spiegeln sich auch in sehr hohen P_{DL}-Gehalten (bis in 7 dm Tiefe > 110 mg/kg) wider. Unter Berücksichtigung des Skelettgehaltes ergibt sich in den Oberbodenbereichen bei P49 ein mittlerer, bei P50 ein hoher und bei P51 ein sehr hoher potentiell

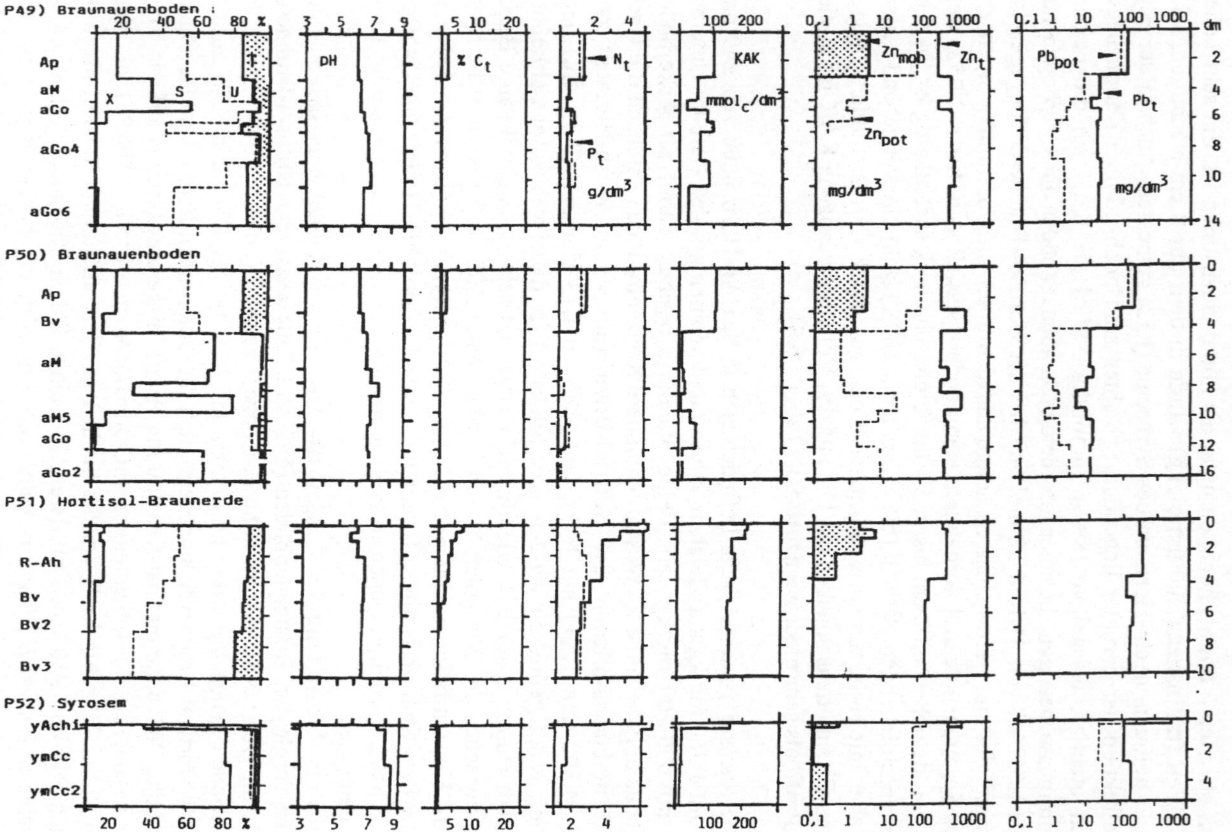

Abb. 6.6. Tiefengradienten von Bodenkennwerten der Profile P49-P52

pflanzenverfügbarer Phosphatvorrat (vgl. Tabelle 6.8).

Im Gegensatz zu eher nur mittleren bis geringen Gehalten an leichtlöslichem *Magnesium* (< 45 mg Mg_{CaCl2}/kg) zeigen die beiden vergleyten Braunauenböden bei *Kalium* mit Gehalten von zumeist mehr als 51 mg K_{DL}/kg vorwiegend mittlere bis hohe Konzentrationen. Die schon bei Phosphat erkennbare Überversorgung mit verfügbaren Pflanzennährstoffen im Profilbereich der Hortisol Braunerde (P51) setzt sich auch beim potentiell pflanzenverfügbaren Magnesium (vorwiegend > 45 mg/kg) und Kalium (i.d.R. > 75 mg/kg) fort. Durch den erhöhten Skelettgehalt in den Horizonten der beiden vergleyten Braunauenböden reduziert sich der jeweilige Nährstoffvorrat nach Berechnung auf die skelettfreie Feinerderaummasse beim Kalium und Magnesium auf niedrige Vorräte im Ober- und Unterboden. Der ehemals gärtnerisch genutzte Boden (P51) hat mittlere potentiell pflanzenverfügbare Kalium- und hohe Magnesiumvorräte im Profil gespeichert. Der Syrosem ist aufgrund seines nur 2 cm mächtigen Wurzelraumes im jetzigen Zustand, trotz erheblicher Kalium- und Magnesiumgehalte in den mineralischen Komponenten, außer von Moosen von höheren Pflanzen noch nicht besiedelt, so daß auch die in der mineralischen Substanz vorhandenen Pflanzennährelemente nahezu nicht genutzt werden (Tabelle 6.8).

Tabelle 6.8. pH-Wert, Säureneutralisationskapazität, Kationenaustauschkapazität und Nährstoffmengen in der Feinerderaummasse von Böden naturnaher Ausprägung (P49-P41) sowie anthropogener Aufträge (P52) im Einflußbereiches eines ehemaligen Eisenhüttenwerkes in Duisburg

Profil Nr.	Tiefe [dm]	pH $CaCl_2$	SNK_{CO3} [mol_c / m²]	KAK	N_t	P_t	P_{DL} [g/m²]	K_{DL}	Mg_{CaCl2}
P49	0-3	6,1	21	31	448	351	14,9	28,0	9,0
	> 3-10	6,3-6,9	8	46	383	425	9,4	99,7	14,6
P50	0-3	6,2-6,4	6	32	430	372	29,2	46,7	11,2
	> 3-10	6,4-7,4	2	22	222	248	11,9	41,4	17,8
P51	0-3	5,7-6,6	60	53	973	426	55,5	61,6	24,9
	> 3-10	6,5-6,6	109	110	1.110	1.040	110	91,3	53,2
P52	0-3	7,5	339	11	403	7		14,4	1,6
	> 3-5	8,1-8,5	224	5	89	6		7,4	0,7

6.3.2
Schwermetallstatus

Die an das Eisenhüttenwerk angrenzenden landwirtschaftlich genutzten Flächen zeigen Schwermetallanreicherungen. Belastungszentren sind geländemorphologische Senken sowie der an das Hüttenwerk angrenzende westliche Bereich. Besondere hohe SM-Belastungen liegen in Oberboden- und Substratproben des Hüttenwerksgeländes vor. So wurden in dem nur 2 cm mächtigen yAchi-Horizont mit 3.290 mg/kg die höchsten Gehalte an *königswasserlöslichen Blei* gemessen. Weitere extrem hohe Pb_t-Konzentrationen liegen in einer nahe P52 gelegenen Bodenmiete (2.870 mg/kg) bzw. in einer Schlacke (1.040 mg/kg) vor. Ebenfalls sind erhöhte Werte im ganzen Profil der Hortisol-Braunerde (P51) festzustellen, die im Oberboden zwischen 313-392 mg Pb_t/kg variieren und etwa um das zwei- bis zweieinhalbfache höher sind als im Ap-Horizont von P49 (137 mg Pb_t/kg) oder P50 (191 mg Pb_t/kg). Daß die Pb-Einträge in die Oberböden der Umgebung durchaus vom Eisenhüttenwerk stammenden Staub herrühren können, verdeutlichen Messungen von Gichtgasstaubproben, in denen 394 bzw. 185 mg Pb_t/kg nachgewiesen wurden.

Im Gegensatz zum Blei wurden in allen Bodenproben des Hüttengeländes bzw. der Profile der ehem. landwirtschaftlichen Nutzfläche Anreicherungen mit Zink festgestellt, wobei die maximalen *königswasserlöslichen Zn-Gehalte* wiederum in der Probe aus der Bodenmiete (4.890 mg/kg), dem yAchi-Horizont von P52 (2.220 mg/kg) sowie einer Schlacke (2.420 mg/kg) vorliegen. Sehr hohe Zn_t-Konzentrationen (bis 2.130 mg/kg) treten auch in den Unterbodenhorizonten der beiden Braunauenböden auf. In den Profilen P49 und P50 ist unterhalb des Ap-Horizontes jeweils zunächst ein starker Anstieg der Zn_t-Konzentrationen zu beobachten, was auf Verlagerungsprozesse hinweisen könnte (s. auch Abb. 6.6). Insgesamt aber sind die Zn-Akkumulationen in den Unterböden der beiden Braunauenböden höher als in der Hortisol-Braunerde (P51) vom Hüttengelände. Da die Geländeoberkante von P51 ca. 1-1,5 m über der von P49 und P50 ist, könnte davon ausgegangen werden, daß ein wesentlicher Teil der Zn-Akkumulation im Unterboden der Auenböden noch von vor Inbetriebnahme der Eisenhütte stammt. Starke Zn-Akkumulationen (1.690 mg/kg) im manganoxidreichen aM4-Horizont (83-96 cm Tiefe) von P50 weisen ebenfalls darauf hin, daß die tiefgründige Zn-Belastung auf dieser Fläche möglicherweise aus der Adsorption bzw. Sedimentation von Zn-haltigen Verbindungen stammt, die über Zn-belastetes Grundwasser der (alten) Emscher eingetragen wurden.

Bei den anderen untersuchten Schwermetallen ergeben sich nur noch bei den beiden Hüttenwerksprofilen (P51 und P52) bzw. den dort aufgenommenen Substratproben erhebliche *Cadmium*belastungen (z.B. 11,7 mg/kg in der Bodenmiete oder 9,3 mg/kg im yAchi-Horizont von P52). Darüber hinaus ergeben sich noch

Tabelle 6.9. Schwermetallmengen in der Feinerderaummasse von Bodenprofilen naturnaher Ausprägung (P49-P51) sowie anthropogener Aufträge (P52) im Einflußbereich eines ehemaligen Eisenhüttenwerkes in Duisburg

Pro-fil	Tiefe [dm]	Ni_t	Ni_{pot}	Cu_t	Cu_{pot}	Zn_t	Zn_{pot}	Cd_t	Cd_{pot}	Pb_t	Pb_{pot}
						[g / m²]					
P49	0-3	9,0	0,7	12,0	4,6	105	26,5	0,4	0,3	47,2	29,3
	> 3-10	27,8	0,8	16,2	1,0	736	< 0,8	< 0,1		16,9	2,1
P50	0 -3	10,9	1,0	14,9	4,7	199	35,7	0,5	0,4	62,2	38,4
	>3 -10	18,1	1,6	7,6	1,4	553	7,8	< 0,4	< 0,1	18,2	8,8
P51	0 -3	10,8	0,5	20,2	7,5	250	59,7	0,9	0,4	150	81,6
	> 3-10	28,5	0,2	23,6	5,2	235	26,5	0,7	0,2	209	38,9
P52	0 -3	4,5	0,1	5,4	0,5	95	9,2	0,3	0,1	70,1	8,2
	> 3-5	2,2	0,1	1,7	0,1	50	4,6	0,1	< 0,1	11,8	1,9

bei Kupfer deutliche und bei Nickel leichte Anreicherungen im Oberbodenbereich der Profile. Ein Beleg, daß die Cd-, Pb- und Cu-Anreicherung in den Oberböden des Eisenhüttenwerkes und denen angrenzender Areale zu einem wesentlichen Teil aus Immissionen stammt, ist, daß in den Proben mit deutlich erhöhten magnetischen Eisengehalten (> 1% Fe_{magn}) sehr hoch signifikante Beziehungen zwischen den Gehalten an magnetischem Eisen und den v.g. Schwermetallen bestehen (vgl. auch Kap. 4.7). Bezogen auf die skelettfreie Feinerderaummasse nehmen die königswasserlöslichen SM-Vorräte in den Profilen in der Reihenfolge Zn > Pb > Cu > Ni > Cd ab (Tabelle 6.9).

Auswertungen der Ergebnisse aus den Untersuchungen zu den Gesamt- und *EDTA-extrahierbaren SM-Gehalten* sowie zu den magnetischen Eisengehaltes ergeben, daß im Einflußbereich der ehemaligen Eisenhütte als die dominierende Quelle der potentiell pflanzenverfügbaren Schwermetalle vorwiegend die technogenen Beimengungen angesehen werden müssen. Berechnet man die prozentualen Anteile des SM_{pot} an SM_t, so ergibt sich, daß der Gesamtvorrat in den Oberbodenproben (bis auf Nickel) zu wesentlich höheren Anteilen potentiell pflanzenverfügbar ist (Median bei Pb = 60%, bei Cd = 39%, bei Cu = 34%, bei Zn = 22%; n = 11), als im Unterboden (Median bei Cd = 19%, bei Cu = 12%, bei Pb = 11%, bei Ni = 6%, bei Zn =<1%; n = 18).

Im Unterboden liegen wahrscheinlich zu einem wesentlich höheren Anteil mehr bodeneigene SM-Bindungen vor als im Oberboden, wo in starkem Maße die Schwermetalle noch mit Komponenten assoziiert sind, welche aus technogenen Prozessen stammen.

Da die Konzentrationen an *mobilen*, d.h. NH_4NO_3-austauschbare *Schwermetallgehalte* (P51 wurde hierauf nicht analysiert) in der Regel auf einem sehr geringen Niveau lagen und nur Zink in 9 von 24 Proben mit Gehalten von 0,05-3,4 mg/kg auftrat, kann man schließen, daß mobile Ni-, Cu-, Cd- und Pb-Gehalte derzeit auf diesen Böden nur eine untergeordnete Rolle spielen. Nach dem Verlauf der SM_{mob}-Konzentrationsgradienten der Profile P49, P50 und P52 ist davon auszugehen, daß z.B. NH_4NO_3-mobilisierbare Zinkfraktionen innerhalb kurzer Verlagerungsbereiche im Profil wieder sorbiert und eine weitere Tiefenverlagerung, bzw. der Auswaschung bis in die gesättigte Zone nicht stattfindet.

6.4
Böden auf einer Rangier- und Verschiebebahnhofsbrache

Der hier vorgestellte, im SW der Stadt Duisburg gelegene, etwa 65 ha große, ehemalige Rangier- und Verschiebebahnhof war von 1866-1986 in Betrieb. Danach wurden auf dem Gelände die Schienen weitgehend demontiert und in weiten Bereichen die Schotter zur Wiederverwertung abgesiebt und abgefahren. Seit 1986 ist das Gelände eine „Verkehrsbrache". Es ist jedoch geplant, Teilflächen des ehemaligen Rangierbahnhofs künftig als Schnittstelle zwischen Straßen,

138

Schienen und Binnenschiffahrt in ein Güterverkehrszentrum umzuwandeln. Da bisher nur wenige bodenkundliche Untersuchungen über Eigenschaften und Potentiale von anthropogen gestalteten Böden im Bereich von Bahnanlagen vorliegen (z. B. Grenzius 1987; Aey 1990), sind nachfolgend Ergebnisse zu chemischen und physikalischen Parametern von Böden aus Substrataufträgen eines ehemaligen Rangier- und Verschiebebahnhofs in Duisburg dargestellt.

Tiefe [cm]	P53 Horizont
-30	Acp
-100	Bcv

Darüber hinaus wurde ca. 150 m in südöstlicher Richtung von der Rangierbahnhoffläche entfernt eine naturnahe **kalkhaltige Braunerde (P53)** beprobt. Die Ergebnisse der Untersuchungen zu diesem Profil dienen als Basis der Abschätzung, inwieweit sich die Eigenschaften der aus anthropogenen Aufträgen sich entwickelnden Böden des ehemaligen Rangierbahnhofs von den natürlichen Verhältnissen unterscheiden. Das bodenbildende Material vom Rhein absedimentiert wurde, wobei jedoch die für Schwemmablagerungen typischen Schichtungen nicht mehr erkennbar sind. Horizontal eingeregelte Kiesel sowie vereinzelte Tongutscherben im Unterboden sind Zeugen der fluviatilen Herkunft. Durch einen Banndeich ist die ehemals als Grünland und derzeit als Acker genutzte Fläche bei Hochwässern vor Überschwemmungen weitgehend geschützt. Das Profil ist durchgehend kalkhaltig, wobei auch noch Kohle- und Holzkohlepartikel vorliegen.

Tiefe [cm]	P54 Horizont
-4	yAi
-8	jyAh
-16	jylC
-48	jylC2
-75	jylC3
-89	jylC4
-124	jylC5
-144	jylC6
-180	jlC

In einem Schienenbegleitweg wurde der **Regosol (P54)** angelegt. Dieser Bahnhofsbereich war bereits 1904 erschlossenen. Der Substratauftrag in diesem Profil ist aber wahrscheinlich in mehreren Phasen auch noch nach 1904 erfolgt. Als Merkmal der ablaufenden Pedogenese kann in den obersten 4 cm die Ausprägung eines yAi-, darunter der eines jyAh-Horizontes gewertet werden. Hierin ist in einem grusigen Asche-Koks-Gemisch auch deutlich fühlbar Humus akkumuliert. Da der Schienenbegleitweg immer noch frei von Vegetation ist, muß angenommen werden, daß der Humus in diesem Profil aus zersetztem organischem Material stammt, das z.B. als Laub eingeweht wurde.

Tiefe [cm]	P55 Horizont
-4	yAi
-10	jylC
-25	jylC2
-35	jylC3
-50	jylC4
-76	jylC5
-84	jlC
-160	jlC2

Der **Lockersyrosem (P55)** liegt im südwestlichen Bereich des ehemaligen Rangierbahnhofs und ist ein Beispiel für die Umnutzung von Flächen innerhalb des Bahnhofs. Das im Bereich der ersten Ausbaustufe (bis 1904) bereits dokumentierte Gleis wurde später im Zuge der Neugestaltung und Umstrukturierung der Gleisführung zu einem Schienenbegleitweg umfunktioniert. Die ehemalige Schotterlage, in welcher schon humoses Feinsubstrat eingelagert war, ist mit einer ca. 1 dm starken Schicht aus Aschen und Waschbergematerial überdeckt worden. Zum Zeitpunkt der Probenentnahme (1993) war der Bereich nur sporadisch von Pflanzen besiedelt. Dadurch liegen auch nur vereinzelt zersetzte Pflanzenreste im yAi-Horizont vor.

Tiefe [cm]	P56 Horizont
-8	jxC
-34	jyAh
-42	jlC
-49	jlC2
-61	jxlC
-80	jlC4
-82	jlC5
-90	jlC6
-150	jlC7
-180	jlC-Sw

Im Nordwesten des Geländes wurde in einem Gleis ein **Regosol (P56)** ausgewählt. Dieser Bahnhofsbereich wurde bereits um 1906 errichtet. Die oberste Schotterlage des Gleises besteht aus deutlich angewittertem Basaltsteinschotter und besitzt keine Hohlraumfüllung. Teilweise finden sich Fe-Oxid-Ausfällungen auf den Schottern, die aber von herabgespülten Fe-Oxiden der Schienen (Rostbildung) stammen. Ab ca. 1 dm unter der Schotteroberkante, in der jyAh-Schicht, sind die Hohlräume des Schotterkörpers nahezu völlig mit Schottergrus, Aschen, Kohle, Koks und Pflanzenresten gefüllt. Auch zeigt sich hier eine schwache Durchwurzelung.

Tiefe [cm]	P57 Horizont
-25	jAh
-35	jAh2
-501	jlC-Sw
-65	jSw
-95	jSw2
-120	jSw3

Ebenfalls in einem Gleis wurde ein **Pseudogley (P57)** aufgegraben. Anhand der Geländeausformung ist anzunehmen, daß bereits etwas von der Schotterlage im Rahmen der Rückbauarbeiten abgetragen wurde. Das Gleis liegt im Bereich der Richtungsgruppe des südlichen Ablaufberges, welche erst in der letzten Ausbauphase des Rangierbahnhofs um 1928 komplettiert wurde. Auch hier zeigt sich als Prozeß der Bodenbildung eine Verfüllung der Schotterhohlräume mit einem humosen Feinsubstrat aus Asche, Kohle und Sand. Dieses Feinsubstrat ist auch mäßig von Feinwurzeln einer aus wenigen Gräsern bestehenden Pioniervegetation durchzogen. Das ab ca. 5 dm Tiefe im Profil festgestellte freie Wasser ist über einer stark anthropogen verdichteten Schicht aus kiesigem, mittel lehmigen Sand gestautes Regenwasser.

Tiefe [cm]	P58 Horizont
-18	jxlC
-34	jyAh
-49	jyAh2
-65	jyAh3
-70	jlC
-90	jlC2
-140	jlC3

Als drittes Gleisprofil wurde ein sekundär gebildeter **Regosol (P58)** beprobt. Im Gegensatz zu den zwei P56 und P57 zugehörigen Gleisen wurde hierauf kein Güter-, sondern vorwiegend Personenverkehr abgewickelt. Wahrscheinlich stammt das Gleis aus dem Zeitraum von 1907-1938 und wurde um 1975 letztmals überholt. Während die obersten 2 dm des Schotterbetts keine Hohlraumfüllungen haben, sind in der darunter folgenden jyAh-Lage die Hohlräume zu ca. 90% mit einem humosen Feinsubstrat aus Kohle, Asche, Koks, Bergematerial und Sand verfüllt. Aus dem angrenzenden Randstreifen wachsen Wurzeln von der Ruderalvegetation ein.

6.4.1
Allgemeine Merkmale, Säureneutralisationskapazität, Sorptionspotential und Nährstoffstatus

Historische Recherche, Substratkartierung und Profilanlage ergaben, daß die ursprünglichen Böden (Braunerden, z.T. Podsol-Braunerden und Parabraunerden), welche sich auf dem Sediment der Rhein-Niederterrasse entwickelt hatten, bei Anlage und Ausbau des Verschiebebahnhofs mit natürlichen (Kiesen, Sanden) sowie technogenen Substraten (Schlacken, Aschen etc) überdeckt wurden. Es ist ein für Bahnanlagen typischer Vorgang, daß die ursprünglichen Böden erst nach einer nutzungsspezifischen Veränderung ihrer vorwiegend physikalischen Eigenschaften als Schienenweg genutzt werden können (vgl. Tabelle 6.10). Dies zeigt auch das hier vorgestellte Areal. Durch Aufträge natürlicher und technogener Substrate ist das Gelände des ehemaligen Verschiebebahnhofs um ca. 1,5-2 m gegenüber dem unter Ackernutzung stehenden Gelände in südwestlicher Richtung erhöht.

Entsprechend der Aufträge aus natürlichem und technogenem Material sind derzeit auf dem ehemaligen Verschiebebahnhof vorwiegend Pararendzinen, Regosole sowie Lockersyroseme ausgebildet. Gleis- und Gebäudeanlagen des Verschiebebahnhofs waren 1993 bereits durch die Bundesbahn stellenweise rückgebaut, d.h. die Schienen wurden demontiert, der ausgesiebte Schotter abgefahren und die Siebrückstände zu Hügeln aufgehaldet, so daß eine stark differenzierte Oberflächenmorphologie mit verbliebenen Schienenbegleitwegen, (teil)ausgeräumten und noch vollständigen Schienentrassen (18 km) sowie diversen Aufhaldungen vorlag. Die Substratkartierung ergab, daß auf der Fläche verschiedenartige technogene Leitsubstrate auftreten, deren durchschnittliche chemische Eigenschaften und Belastungsparameter in Tabelle 6.11 aufgeführt sind.

Die Schienenbegleitwege weisen einen verhältnismäßig einheitlichen Aufbau auf und bestehen i.d.R. in den obersten 10-20 cm aus einer feinen, koksreichen, vergrusten Asche mit Beimengungen von Fein- und Mittelkiesen (Sub. IV-VII). In älteren Begleitwegen ist in den obersten Bereichen eine Humusakkumulation erkennbar. Unter der Aschenschicht folgen gröbere Substrate, wo neben natürlichen Grobkiesen, Kalkstein- und Basaltschotter, Schluffsteine, koksreiche Aschen und Schlacken vorkommen. Der Aufbau der Gleisbettungsschichten läßt sich unterteilen in das Skelett (i.d.R. Kalibasalt-, Basalt- und Dolomitsteinschotter) sowie das in die Hohlräume eingelagerte Feinsubstrat, welches neben Sand und Schotterabrieb, Asche, Kohle, Bergematerial (Sub. I-III), magnetische Feinstpartikel und nicht näher erfaßbare Stäube enthält. Während das Feinsubstrat der Schotterzwischenraumfüllungen auf den „alten Schienensträngen (Anlage ca. 1907-1935)" noch durch die eingewaschenen Verbrennungsaschen der Dampfloks dominiert wird, enthalten junge Schienenstränge durch die Erneuerung der Gleisanlagen sowie der Umstellung auf Dieselloks (um 1975) kaum noch Aschen. Die z.T. völlige Ausfüllung der Schotterzwischenräume der Gleisanlagen bis

Oberkante der Bahnschwellen in den ältesten Zonen des ehemaligen Verschiebebahnhofs ist auf die bautechnische Aschenentsorgung der Dampfloks zurückzuführen. Die Asche wurde zumeist während der Fahrt durch einen Rost unter der Brennkammer in das Gleisbett zwischen den Schienen abgerüttelt und nachfolgend — durch Niederschläge — in die Schotterzwischenräume eingewaschen.

Tabelle 6.10. Inhaltsfestlegung von Begriffen aus dem Bahnbau

Oberbegriffe	Schichten	Stoffe
Oberbau, Fahrbahn, Bettungsschicht	Gleis- und Weichengestänge	Schienen, Schwellen
	Bettung	Gleisschotter
	Planumsschutzschicht	Z.B. Brechsandsplitt, Kies-, Sandgemische, ggf. mit Bindemitteln stabilisiert, Kunststoffolien zwischen Sand oder Kies-, Sandgemische, Styroporplatten, Beton
Unterbau	Verdichtete oder verbesserte Dammschüttung bzw. Übergangsschicht	Z.B. stabilisiertes Dammschüttgut (vorgefestigt mit Bindemitteln oder mechanisch verfestigt)
	Dammschüttung	Verdichtetes Dammschüttgut
Untergrund	Verdichteter oder verbesserter Untergrund bzw. Übergangsschicht	Z.B. stabilisierter Boden (verfestigt mit Bindemitteln oder mechanisch verfestigt)
	Untergrund	gewachsener Boden

Tabelle 6.11. Eigenschaften und Belastungsparameter von 7 technogenen Substraten (Sub. I-VII) eines ehemaligen Verschiebebahnhofs im Ruhrgebiet (Werte in mg/kg, sofern nicht anders vermerkt)

	Feinsubstrat jung Sub. I	Feinsubstrat alt Sub. II	Asche Sub. III	Asche Sub. IV	Asche Sub. V	Hüttensand Sub. VI	Schlacke Sub. VII
pH-CaCl$_2$	7,3	7,3	5,8	7,1	7,6	9,9	11
% CaCO$_3$	3,7	1,2	0,1	0,1	0,1	3,3	4,6
% C	8,2	33	38	4,3	3,5	3,0	0,7
C/N	43	41	45	39	50		24
Fe$_t$ %	20,3	16,0	14,8	3,7	8,4	9,7	0,1
P$_t$	1.670	1.300	1.200	1.930	1.030	414	67
Ni$_t$	109	146	91	62	72	7	5
Cu$_t$	761	830	957	47	145	32	7
Zn$_t$	930	1.740	611	10	434	6	14
Cd$_t$	4,9	8,8	2,8	< 0,1	2,8	0,4	0,7
Pb$_t$	423	963	287	3	226	4	10
As$_t$	60	60	63	1,8	32,1	2,9	< 0,1
ΣPAK$_{EPA}$	< 40	< 1.410	< 33	< 2	< 45	< 2	< 2
Cyanide	0,6	5,2	0,8	< 0,1	0,8	23	25

Die Schienenbegleitwege, welche i.d.R. bis zur Planumsschicht vorwiegend aus technogenen Substraten (die mit natürlichen Substraten im Gemenge vorliegen) aufgebaut sind, besitzen eine vergleichsweise geschlossene und z.T. verschlämmte Oberfläche, von der sedimentierte Verbrennungsrückstände des Dampflokbetriebes bzw. von den Güterwaggons abgerieselte Stäube leicht wieder abgeweht werden können.

Die Profile sind stark skeletthaltig. So beträgt der mediane *Skelettgehalt* der 42 Schichten nahezu 58 Gew.-%. Maximale Skelettanteile mit bis zu 100 Gew.-% treten in den (teilweise noch) gleistragenden Bettungsschichten auf. Alle 13 Schichten aus den Gleiskörpern (außer P56) enthalten mehr als 45 Gew.-% Schottermaterial und sind somit als stark skeletthaltig einzustufen. Das Skelett der Planumsschichten besteht vorwiegend aus gerundeten Mittel- bis Grobkiesen, die in eine sandige bis lehmige Feinerdematrix eingebettet sind. Die Wasserversickerung wird (zumindest stellenweise) durch die Planumsschichten verzögert, da im Rahmen der Kartierarbeiten festgestellt werden konnte, daß es nach Niederschlägen zur Ausbildung von wasserüberstauten Arealen (bis zu ca. 200 m²) in abgeräumten Schienentrassen kam.

Die Planumsschichten sind durch einen Aufbau natürlicher Substrate gekennzeichnet, während in den Hohlräumen der Bettungslagen in starkem Maße technogene Substrate — mit einem Dominieren von Aschen, Koks und Kohle — vorgefunden wurden. Der in einem Begleitweg aufgegrabene Regosol (P56) weist im Gegensatz zu den anderen Auftragsprofilen keine so deutlich abgrenzbare Planumsschicht auf und enthält bis in eine Tiefe von ca. 14 dm Schichten mit eingemischten technogenen Substraten (Asche, Koks). Der Skelett- und Hohlraumreichtum von Bettungs- wie auch Begleitwegschichten macht die Böden aus anthropogenen Aufträgen von Bahnanlagen besonders anfällig gegen kurzfristige Belastungen, wie sie z.B. bei Unfällen mit flüssigem Transportgut entstehen. Diese Böden setzen der Tiefenmigration von Flüssigkeiten nur einen geringen Widerstand entgegen, so daß schnell eine tiefreichende Versickerung stattfinden kann. Andererseits kann davon ausgegangen werden, daß infolge der guten Durchlüftungsstruktur Flüssigkeiten mit einem geringen Dampfdruck schnell ausgasen. Weiterhin, wie Geländeaufgrabungen im Zu- und Ablaufbereich einer Schlammgrube auf dem Gelände des ehemaligen Rangier- und Verschiebebahnhofs zeigen, kommt es beim Auslaufen partikulärer Stoffe durch das Vollaufen der Hohlräume schnell zu einem Selbstabdichtungseffekt.

Anhand der *Kohlenstoffgehalte* läßt sich die bereits im Gelände ausdifferenzierbare Untergliederung der Auftragsprofile in Bettungslagen (C_t: 0,5-48%, n = 22) und Planumsschicht (C_t: 0,1-7,6%, n = 21) sehr gut nachvollziehen. Die C_t-Gehalte sind zu einem großen Anteil auf fossile bzw. pyrolytisch transformierte C-Verbindungen zurückzuführen. In den bis 9 dm Tiefe reichenden Auftragsschichten von P56 könnte im Mittel bis zu einem Drittel der C_t-Mengen auf Koks zurückzuführen sein. Durch die Anwesenheit von Basalt- bzw. Kalksteinschotter wie auch basisch wirkender, technogener Substrate (z.T. Bauschuttgrus, Aschen) bedingt, ist der Bettungskörper der Profile P57 und P58 carbonathaltig (2,5-4%)

und weist eine schwach alkalische *Bodenreaktion* auf. Sehr wahrscheinlich als Folge der Tiefenmigration basisch wirkender Kationen aus dem Schotterkörper heraus variieren die pH_{CaCl2}-Werte mit 6,5-7,1 in den Planumsschichten (bis in eine Tiefe von ca. 14 dm) nur gering um den Neutralwert. Eine pH-Wert-Anhebung in liegenden Horizonten durch Verlagerung basisch wirkender Kationen aus den darüberliegenden Auftragsbereichen mit alkalisierenden Ausgangssubstraten konnte auch hier festgestellt werden. In den Auftragsschichten der Profile P54-P56 liegen neben Basalten vermehrt Kiese aus Quarziten und Graniten vor. Die Bodenreaktion ist, durch das Fehlen leichter verwitterbarer Carbonatgesteine bedingt, vorwiegend mittel sauer. Mit pH_{CaCl2}-Werten von 4,4-4,5 sind die obersten Schichten der 3 Profile P54-P56 stets im sehr sauren Bereich.

Für die *Pufferung von Protonen* in Böden ist das Vorliegen von feinverteiltem $CaCO_3$ in der Bodenmatrix von besonderer Bedeutung, da nur dann gewährleistet ist, daß eine vollständige Neutralisation von Säuren schnell erfolgt und die Bodenlösung in einem neutralen bis schwach alkalischen Bereich bleibt. Bei dem unter ackerbaulicher Nutzung stehenden Vergleichsprofil P53, welches als Beispiel der im Umfeld des ehemaligen Rangier- und Verschiebebahnhofs noch vorliegenden Böden natürlicher Ausprägung herangezogen wird, ist der Oberboden mäßig, der Unterboden teils stark carbonathaltig. Dies führt zu einer sehr hoch einzustufenden Säureneutralisationskapazität von 663 mol_c im Oberboden (0-3 dm und 1 m²), bzw. 1.960 mol_c im Unterboden (> 3-10 dm und 1 m²). Deutlich ungünstiger gestalten sich die SNK_{CO3}-Potentiale in den Böden aus Substrataufträgen P54-P58 auf dem Gelände des Rangierbahnhofs. Da die Profile P54-P56 aus carbonatfreiem oder -armem Ausgangssubstrat aufgebaut sind, ist auch das Säureneutralisationspotential (auf 1 m² und 10 dm Tiefe bezogen) als gering bis mittel einzustufen. Günstiger ist das Säureneutralisationsvermögen bei den in Gleisen liegenden Profilen P57 und P58, da dort die Feinsubstratfraktion teilweise mäßige Carbonatgehalte (> 2-3,8%) besitzt. Die SNK_{CO3} ist bei diesen beiden Profilen mit ca. 320 bzw. 360 mol_c/m² und 10 dm Tiefe als hoch zu bewerten (s. Tabelle 6.12).

Da die Geländekartierung ergab, daß die Schottermaterialien in der Regel aus gebrochenem Basalt bestehen und carbonatische Schottersteine nur lokal auftreten, ist davon auszugehen, daß das brachliegende Bahngelände zum überwiegenden Teil eher eine niedrige Säureneutralisationskapazitäten besitzt. Unterstellt man einen atmosphärischen H^+-Eintrag von 0,4 Mol/m² und Jahr, wäre z.B. der Carbonatpuffer der Feinerderaummasse von P54 in den obersten 3 dm bereits in weniger als 50 Jahren aufgebraucht. Bei den anderen 4 Aufschüttungsböden variiert dieser Zeitraum etwa zwischen 75 und 550 Jahren.

Diese überschlägige Abschätzung verdeutlicht, daß die eher mäßige bis geringe Säureneutralisationskapazität weiter Bereiche dieses Rangierbahnhofareals in Verbindung mit dem geringen Feinerdeanteil und den daraus resultierenden verringerten Sorptionspotentialen für Nähr- und Schadstoffe erwarten läßt, daß bereits in naher Zukunft eine verstärkte Stoffverlagerung in tiefere Profilbereiche möglich ist.

Tabelle 6.12. pH-Wert, Säureneutralisationskapazität, Kationenaustauschkapazität und Nährstoffmengen der Feinerderaummasse von 5 Profilen anthropogener Aufträge (P54-P58) eines ehemaligen Rangier- und Verschiebebahnhofs in Duisburg sowie eines nahegelegenen, naturnahen Vergleichsprofils (P53)

Profil-Nr.	Tiefe [dm]	pH $CaCl_2$	SNK_{CO3}	KAK [mol_c / m²]	N_t	P_t	P_{DL}	K_{DL} [g/m²]	Mg_{CaCl2}
P53	0-3	7,2-7,4	663	63,5	647	348	41,4	64,0	25,7
	> 3-10	7,7-7,8	1.960	103	470	400	16,3	31,6	35,9
P54	0-3	4,5-6,0	19	26,7	73	380	2,2	9,8	2,0
	> 3-10	6,0-7,2	33	39,6	31	179	4,6	21,2	11,2
P55	0-3	4,5-6,3	75	21,0	25	94	1,5	28,5	6,0
	> 3-10	5,6-6,3	97	52,7	123	211	5,7	~23,4	18,0
P56	0-3	4,4	30	11,5	82	140	3,3	7,8	5,9
	> 3-10	4,9-6,0	86	29,5	211	334	9,6	23,2	16,3
P57	0-3	7,4-7,9	270	75,1	183	379	9,3	24,6	13,2
	> 3-10	7,8-8,2	86	76,0	59	235	30,5	39,6	24,2
P58	0-3	7,3	59	15,1	8	130	1,7	8,7	< 0,1
	> 3-10	6,5-7,3	258	91,6	48	554	26,1	40,9	27,5

Eine übergreifende Auswertung der Untersuchungsergebnisse zur *potentiellen Kationenaustauschkapazität* der 41 Feinsubstratproben aus den Böden aus Substrataufträgen ergab, daß 25 eine mittlere (80-160 $mmol_c$/kg), 3 Proben eine hohe KAK (160-240 $mmol_c$/kg) und nur eine Probe (P57) mit 385 $mmol_c$/kg sehr hohe KAK aufweisen. Die höchsten potentiellen Austauschkapazitäten besitzt das Feinsubstrat aus den Schotterzwischenräumen von P57. In diesem Profil konnten am längsten Bodenbildungsprozesse (u.a. auch Humusakkululation) ablaufen. Der Bereich, in dem dieser beprobte Schienenstrang liegt, ist bereits 1904 auf alten Karten verzeichnet. Auffällig ist, daß bei den Profilen der Gruppe II, d.h. der Böden mit carbonatfreiem oder -armem Ausgangssubstrat (P54-P56), die KAK der Planumsschichten häufig deutlich geringer ist als die der darüberlagernden Schichten des Bettungs- und Begleitwegaufbaus. Wird die KAK der Feinsubstratfraktion auf die Feinerderaummasse bezogen, liegen die Werte der skelettreichen Böden aus anthropogenen Aufträgen in den obersten 3 dm von P54-P56 sowie P58 im Bereich von 12-27 mol_c/m², was als niedrig einzustufen ist. Bei dem Pseudogley (P57), bei dem wahrscheinlich Teile der Schotterschicht infolge der Gleisrückbauarbeiten abgetragen wurden, stehen die Schotterlagen mit hohem Verfüllungsgrad durch humoses Feinsubstrat der Schotterzwischenräume gleich an der Oberfläche an, wodurch das Angebot an Sorptionsplätzen in den obersten 3 dm mit ca. 75 mol_c/m² als hoch zu bewerten ist und sogar noch oberhalb dessen der kalkhaltigen Braunerde (P53) liegt. Die anderen Auftragsböden besitzen in den obersten 3 dm nur noch ca. 20-40% der KAK des naturnahen Vergleichsprofils P53 (Tabelle 6.12).

Nach den Untersuchungen sind die N_t-*Gehalte* der Feinsubstratproben aus den Planumsschichten (Z = 0,04%) deutlich geringer als in den Schichten oberhalb des

Planums (Z = 0,10%). Die N_t-Gehalte im Feinsubstrat der Planumsschichten sind durchaus denen im Unterboden von Standorten mit natürlichem Profilaufbau im Ruhrgebiet vergleichbar. Bei den Bettungs- und Begleitwegaufbaulagen besitzen diese — im Vergleich zu den mineralischen Oberbodenhorizonten (0-3 dm) von Waldstandorten oder Ruhrauen — niedrige N_t-Gehalte. Daß die Bahnanlagenprofile eher N-arme Standorte darstellen, verdeutlicht sich noch mehr, wenn die N-Vorräte der Feinerderaummasse berechnet werden. Nach Berücksichtigung der abgeschätzten Lagerungsdichte und des Skelettgehaltes sind in den obersten 3 dm der fünf Profile weniger als 250 g N_t/m^2 bzw. in dem Bereich bis 10 dm Tiefe weniger als 400 g N_t/m^2 vorhanden. Derartige Stickstoffvorräte sind durchweg als gering zu bewerten. Sehr hohe N_t-Vorräte sind dagegen in den unter landwirtschaftlicher Bewirtschaftung stehenden Böden ohne anthropogene Aufträge in der Umgebung des ehemaligen Rangierbahnhofs akkumuliert. Die Ergebnisse zu Vergleichszwecken aufgenommenen P53 belegen, daß diese Standorte im Ober- und auch im Unterboden mit Stickstoff angereichert sind. Als Folge der Düngung haben sich in diesem Ackerprofil mit ca. 650 g N/m^2 bei 3 dm Krumenstärke bzw. 1.120 g N/m^2 auf 10 dm Tiefe bezogen, hohe N-Vorräte angesammelt (Tabelle 6.12).

Die *Phosphatgesamtgehalte* variieren in den Feinsubstratproben der Auftragsschichten von 69 bis 1.950 mg/kg in einem weiten Bereich. Es zeigt sich aber ein deutliches Konzentrationsgefälle zu den Schichten des Planums der Profile P54-P58 (Abb. 6.8a,b).

Die Geländeaufnahmen belegen, daß die Pioniervegetation die Feinsubstratfüllungen der Bettungs- und Begleitwegschichten zur Deckung ihrer Wasser- und Nährstoffbedürfnisse nutzt. Die darin durch den Doppellactatauszug charakterisierten potentiell *pflanzenverfügbaren P-Gehalte* bewegen sich auf einem mittleren (23-57 mg P_{DL}/kg = P57 und P58) bis eher niedrigen Niveau (< 23 mg P_{DL}/kg = P54-P55). In den Planumsschichten sind die P_{DL}-Gehalte der beiden carbonathaltigen Profile P57 und P58 auf einem mittleren bis hohen Niveau. In den Profilen, die unter Gruppe II (P54-P56) zusammengefaßt sind, ist der potentiell pflanzenverfügbare P-Pool vorwiegend niedrig und nur in wenigen Lagen mittel. Trotz des häufig hohen P-Gesamtvorrates liegt nur ein geringer Anteil davon in pflanzenverfügbarer Form vor. So beträgt z.B. der prozentuale Anteil des P_{DL} von P_t in den Bettungs- und Begleitwegschichten bei einer Variationsbreite von < 0,1-5,6% im Mittel nur 1,9%. In den Planumsschichten bewegt sich der verfügbare P_{DL}-Gehalt im Bereich von 2,7-19,6% von P_t (Z = 6,8%).

Trotz der vorwiegend hohen bis sogar sehr hohen P_t-Gehalte der Feinsubstratfraktion in den Bettungs- und Begleitwegschichten ist der Phosphatvorrat in der Feinerderaummasse der obersten 3 dm nur noch beim Pseudogley (P57) sowie dem Regosol (P54) mit je ca. 380 g P_t/m^2 als hoch einzustufen. In den anderen Auftragsprofilen des Bahngeländes sind mit 94-140 g P_t/m^2 nur niedrige P-Vorräte vorhanden. Wird das in der Feinerderaummasse vorhandene P_t bis auf 10 dm Tiefe aufsummiert, ergibt sich das in Abb. 6.7 gezeigte Bild.

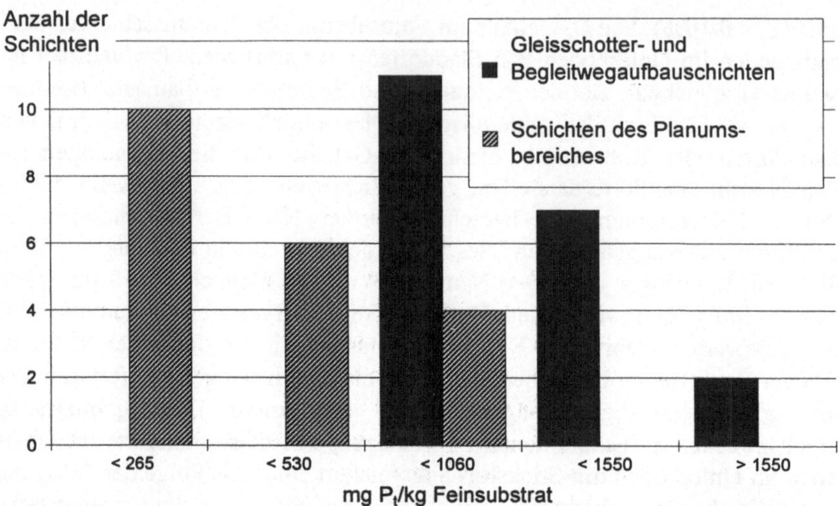

Abb. 6.7. Phosphatgesamtgehalte im Feinsubstrat unterschiedlicher Schichtpakete von fünf Profilen anthropogener Aufträge eines ehemaligen Rangier- und Verschiebebahnhofs

Die Stabilität der in diesen Profilen vorhandenen P-Verbindungen führt dazu, daß der potentiell pflanzenverfügbare P-Pool als in der Regel sehr niedrig einzustufen ist. Dies bedeutet, daß das Areal des Verschiebebahnhofs — im Gegensatz zum landwirtschaftlich genutzten Umland — nur eine geringe P-Eutrophiestufe aufweist.

Die Konzentrationen an potentiell *pflanzenverfügbarem Kalium* in den Feinsubstratproben sind zumeist als mittel zu bewerten (51-108 mg K_{DL}/kg). Die höchsten Gehalte mit 190 bzw. 525 mg K_{DL}/kg wurden in den obersten beiden Lagen des zu einem Begleitweg umgenutzten Gleisprofils (P55) gemessen. Insgesamt zeigt sich, daß von Proben aus Gleis- und Begleitwegschichten deutlich höhere lactatlösliche K-Gehalte (Z = 76 mg/kg) extrahiert werden können, als von dem Substrat ausSchichten des Planumsbereichs (Z = 44 mg/kg). Nach entsprechender Umrechnung auf die Feinerderaummasse enthalten die 5 Standorte ausnahmslos niedrige pflanzenverfügbare Kaliumgehalte.

Das Angebot an leicht löslichem *Magnesium* in den Schichten ist sehr variabel und schwankt zwischen 0,6 und 85 mg/kg. Wie beim K_{DL} ist auch die $CaCl_2$-lösliche Magnesiumkonzentration in den Schichten des Gleis- und Begleitwegaufbaus mit im Mittel 43 mg/kg höher als in dem darunter lagernden Planumsbereichen (Z = 27 mg/kg). Nach Umrechnung auf die Feinerderaummasse zeigt sich, wie bereits beim Kalium, daß ausnahmslos nur ein geringer bis sehr geringer pflanzenverfügbarer Magnesiumpool in den Schichten bis 10 dm vorliegt. Die Standorte sind zumeist deutlich ärmer an potentiell pflanzenverfügbarem Magnesium als die unter landwirtschaftlicher Nutzung stehende kalkhaltige Braunerde.

Abschließend ist zu vermerken, daß die durch die hohen Skelettgehalte induzierte geringe Wasserhaltefähigkeit in Verbindung mit den ebenfalls geringen

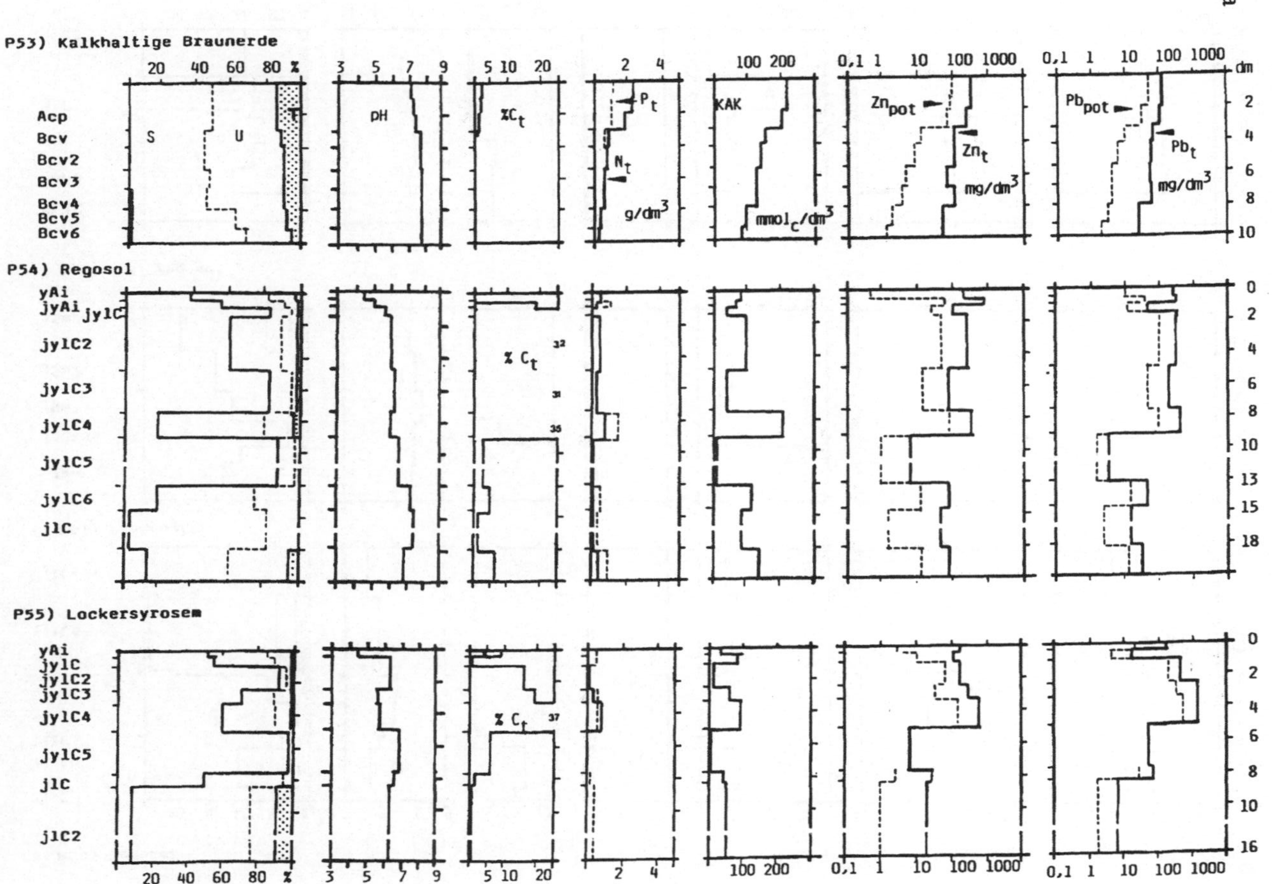

Abb. 6.8. Tiefengradienten von Bodenkennwerten der Profile **a** P53-P55 und **b** P56-P58

b

P56) Regosol
jxC
jyAh
ilC
j1C6
j1C-Sw
S
U
X
pH
% C_t
N_t
P_t
g/dm^3
KAK
mmol_c/dm^3
Zn_pot
Zn_t
mg/dm^3
Pb_pot
Pb_t
mg/dm^3
dm
P57) Pseudogley
jAh
j1C-Sw
jSw
jSw2
jSw3
P58) Regosol
jx1C
jyAh
j1C
j1C3

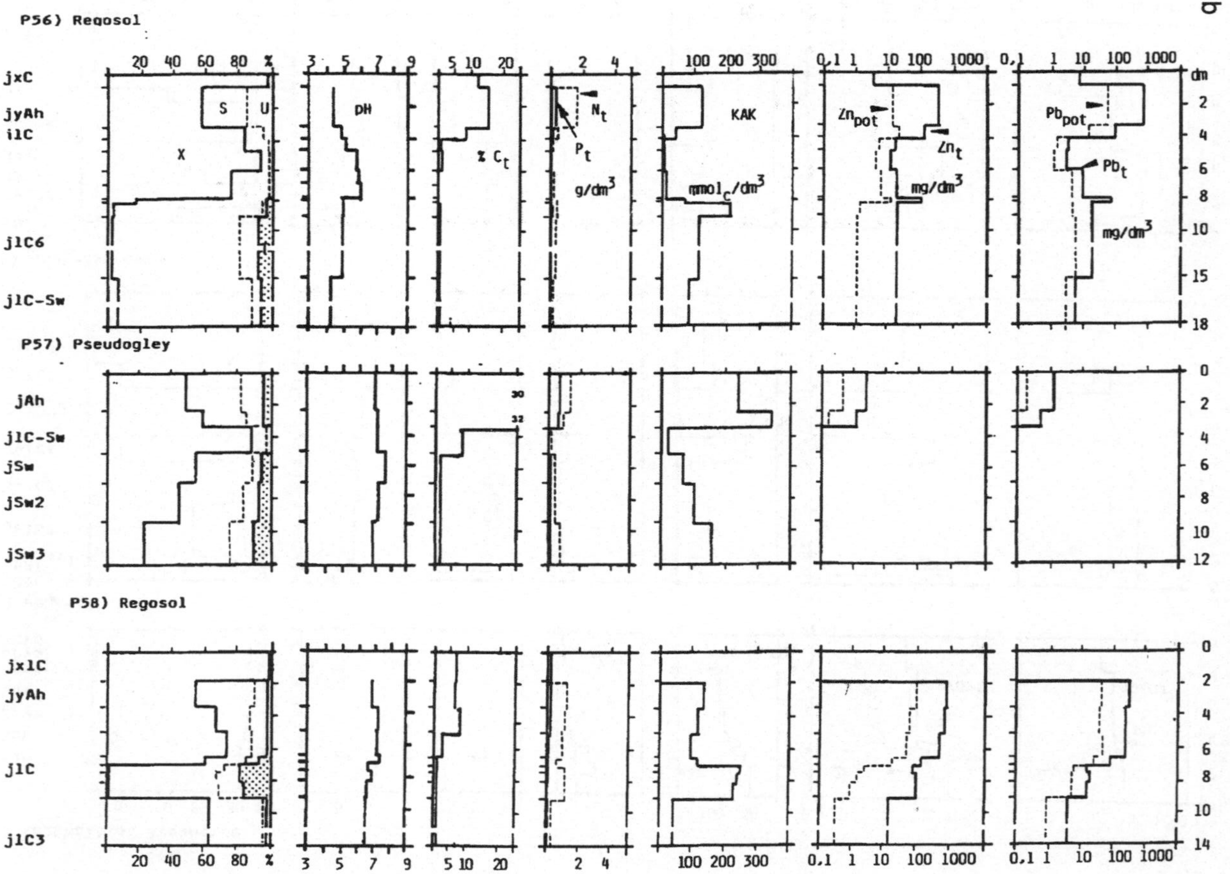

Abb. 6.8b

Nährstoffgehalten der Böden auf Bahngeländen häufig dazu führt, daß derartige Standorte von Biologen als Rückzugsflächen und Ersatzbiotope für Flora und Fauna angesehen werden.

6.4.2
Schwermetallstatus

Merkmal der Böden des ehemaligen Rangier- und Verschiebebahnhofs ist eine deutliche SM-Akkumulation in den Bettungs- und Begleitwegschichten (Tabelle 6.13). Insgesamt nehmen die *Gesamtgehalte* der untersuchten potentiell toxischen Schwermetalle der Gleis- und Begleitwegschichten in der Reihenfolge: Pb (25-2.030 mg/kg; Z = 367 mg/kg) $\geq$ Zn (149-1.760 mg/kg; Z = 373 mg/kg) >> Cu (51-797 mg/kg; Z = 201 mg/kg) > Ni (35-281 mg/kg; Z = 132 mg/kg) > Cd (0,41-6,53 mg/kg; Z = 2,3 mg/kg) ab.

Daß zwischen den Wertepaaren Cadmium und Zink häufig eine enge Beziehung besteht, ist eine aus Untersuchungen natürlicher und industriell beeinflußter Böden bekannte Tatsache (z.B. Elsokkary u. Lag 1978, MAGS 1983, Hornburg u. Brümmer 1993). Hier zeigt sich aber, daß Interkorrelationen — im Gegensatz zu den Planumsschichten — in den Gleisschotterschichten nicht vorliegen. Es ist somit anzunehmen, daß die Schwermetallbelastung nicht aus umgelagertem natürlichem Feinsubstrat mit natürlichen SM-Assoziationen stammt, sondern vorwiegend aus Material, das anthropogene Transformationsprozesse durchlaufen hat. Für die Proben der Gleis- und Begleitwegaufbau- und den Planumsschichten kann kein statistisch absicherbarer Zusammenhang zwischen den Ton- und den SM_t-Gehalten hergestellt werden, was wahrscheinlich auch auf den geringen Anteil dieser Körnungsfraktion an der Textur zurückgeführt werden kann. Auch bei der Verrechnung der C_t- und SM_t-Gehalte in den Bettungs- und Begleitwegschichten ergaben sich keine Beziehungen. In den Planumsschichten aber, die vorwiegend aus umgelagerten Rheinterrassenmaterialien aufgebaut sind, ist Kupfer, Nickel und Blei positiv mit mit den organischen Kohlenstoffgesamtgehalten korreliert. Dieses unterschiedliche Verhalten der Schwermetalle in den Planumsschichten entspricht weitgehend dem normalen Verhalten der Schwermetalle in Bezug auf die organische Substanz, wie Ergebnisse von Modellversuchen ergaben (Herms u. Brümmer 1984). Demnach werden Cadmium und Zink weniger stark an Humus gebunden als z.B. Kupfer und Blei.

Die höchsten absoluten EDTA-löslichen SM-Konzentrationen wurden in den Bettungs- und Begleitwegschichten gemessen. Bei Betrachtung der relativen Werte (= %-Anteil von SM_{pot} an SM_t) fällt auf, daß, wie nachfolgend dargestellt, die potentiell mobilisierbaren Schwermetalle (mit Ausnahme von Zink) in den Planumsschichten (PLS) — wenngleich bei wesentlich geringeren absoluten Gehalten — eine höhere Verfügbarkeit besitzen als in den Bettungs- und Begleitwegaufbaulagen (GS):

150

GS: Cd (Z = 23%) > Pb (Z = 20%) > Zn (Z = 14%) > Cu (Z =11%) > Ni (Z = 4%)
PLS: Pb (Z = 37%) > Cu (Z = 23%) > Zn (Z = 12%) > Ni (Z = 8%).

Tabelle 6.13. Schwermetallmengen in der Feinerderaummasse von 5 Böden aus Substrataufträgen mit Schichten aus carbonatfreiem oder -armem Ausgangssubstrat (P54-P56) sowie mit Schichten aus carbonathaltigem bzw. alkalisierendem Ausgangssubstrat (P57-P58) und eines naturnahen Vergleichsprofils (P53)

Profil	Tiefe [dm]	Ni_t	Ni_{pot}	Cu_t	Cu_{pot}	Zn_t	Zn_{pot}	Cd_t	Cd_{pot}	Pb_t	Pb_{pot}
						$[g/dm^3]$					
P53	0 -3	10,0		12,2		79,7		0,5		40,2	
	> 3-10	18,7		14,9		54,9		< 0,1		28,9	
P54	0 -3	28,2	0,2	58,5	2,2	71,2	3,0	0,4	0,1	125	10,1
	> 3-10	15,8	0,8	18,2	1,4	34,9	4,6	<0,3	< 0,1	45,2	5,0
P55	0-3	12,0	0,3	17,2	2,1	49,7	11,7	0,2	0,1	123	45,3
	> 3-10	20,3	0,9	28,3	4,8	90,5	23,9	<0,6	<0,1	277	87,8
P56	0-3	12,2	0,5	30,2	3,6	61,2	8,3	0,3	<0,1	59,9	14,7
	> 3-10	15,8	1,5	56,7	10,5	87,9	18,3	<0,6	<0,2	134	37,8
P57	0 -3	63,9	2,4	186	20,0	513	96,1	1,9	0,4	263	47,0
	> 3-10	28,0	1,4	18,3	4,7	72,3	10,9	<0,2	< 0,1	29,3	9,2
P58	0-3	21,9	0,8	89,5	9,9	78,5	9,2	0,5	0,1	27,8	4,4
	> 3-10	52,3	1,5	125	15,1	178	18,0	<0,9	<0,2	74,2	13,8

Für die Bindung potentiell mobilisierbarer Schwermetalle sind der Ton- und organische Kohlenstoffgesamtgehalt und die oxalat- und dithionitlöslichen Eisen- und Manganfraktionen in den Proben aus den Gleis- und Begleitwegschichten von sehr untergeordneter Bedeutung.

Der pH-Wert zeigt bei den vorliegenden Substraten nicht die in der Literatur z.T. beschriebene Erhöhung des EDTA-extrahierbaren Anteils (vgl. Blume u. Hellriegel 1981). Eine Gegenüberstellung der Schichten mit pH_{CaCl2}-Werten ≤ 5 und der Bettungs- und Begleitwegschichten mit > 5 zeigt das eher gegenteilige Verhalten auf, wonach die prozentualen EDTA-Anteile von SM_t bei niedrigem pH geringer sind als bei höherer Substratreaktion. Betrachtet man aber das Probenmaterial, ist festzustellen, daß die Feinsubstratproben aus den stark sauren Schichten in großem Umfang grusiges Schlackenmaterial mit einer braunen, glasartigen Morphologie enthalten, das in den anderen Schichten weitgehend fehlt. Es ist somit anzunehmen, daß die „verringerte EDTA-Extrahierbarkeit" bei stark saurer Substratreaktion primär eine spezifische Substrateigenschaft in der Hinsicht ist, daß in dem Schlackengrus stabilere SM-Bindungsformen vorliegen.

Literaturverzeichnis

Abs M (1992) Die Bedeutung von Industrieflächen aus tierökologischer Sicht. LÖLF-Mitteilungen 2/92

Aey W (1990) Historisch-ökologische Untersuchungen an Stadtökotopen Lübecks. Mitteilgn. Arb.-Gem. Geobot. Schlesw.-Holst./Hamb. 41, Kiel, 229 S

AG Bodenkunde (1994) Bodenkundliche Kartieranleitung, 4. Aufl., Schweizerbartsche Verlagsbuchhandlung, Stuttgart

AG Umwelthygiene (1994) Hygienische Bewertung von Schadstoffen im Boden - Metalle im Boden von Kinderspielplätzen. Bodenschutz Nr. 3580. Schmidt, Berlin

AKS (1997) Arbeitskreis Stadtböden der Bodenkundlichen Gesellschaft: Kartieranleitung Stadtböden

Ash H (1991) Soils and vegetation in urban areas. In: Bullock P, Gregory PJ (eds) Soils in urban environment. Blackwell, Oxford

Bahmani-Yekta M, Bechler C, Burghardt W, Meuser H (1989) Montan-industriell überformte Böden. Mitteilgn. Dtsch. Bodenkundl. Gesellsch., 58 (Exkursionsführer): 238-252

Beier E (1973) Einfluß von Feuchtigkeit Eisensalzen und Mikroorganismen auf die atmosphärische Oxidation von Kohle und Pyrit. Glückauf-Forschungshefte 34: 24-32

Bilitewski B, Gewiese A, Hardle G, Marek K (1990) Bauschutt- und Asphaltrecycling - Grundlagen, Technik, Wirtschaftlichkeit. Müll und Abfall 30 (Sonderheft)

Blume HP (1992) Handbuch des Bodenschutzes Bodenökologie und -belastung. Vorbeugende und abwehrende Schutzmaßnahmen, 2. Aufl., ecomed, Landsberg

Blume HP, Helsper M (1987) Zur Schätzung des Humusgehaltes nach der Bodenfarbe. Z. Pflanzenernähr. Bodenk. 150: 353-354

Blume HP, Hellriegel Th (1981) Blei- und Cadmium-Status Berliner Böden. Z. Pflanzenernähr. Bodenk. 144: 181-196

Blume HP, Schleuß U (1997) Bewertung anthropogener Stadtböden. Schriftenr. Inst. Pflanzenern. Bodenk., Universität Kiel, Nr. 38, 346 S

Bodenschutzkonzeption (1985): Bodenschutzkonzeption der Bundesregierung. Kohlhammer, Stuttgart, 229 S

Bridges EM (1991) Waste materials in urban soils. In: Bullock P, Gregory PJ (eds) Soils in the urban invironment. Blackwell, London, pp 28-46

Burghardt W (1993) Böden auf Altstandorten. In: Alfred-Wegener-Stiftung (Hrsg.) Die benutzte Erde, S 217-229

Burghardt W (1994) Soils in urban and industrial environment. Z. Pflanzenernähr. Bodenk. 157: 205-214

Burghardt W und Köppner T (1991) Bodenkundliche Zustandserfassung des Geländes für den Ökologiepark der Universität-GHS Essen. Zwischenbericht (unveröffentlicht)

Burghardt W, Hiller DA, Hintzke M, Meuser H, Wessel R (1991) Abiotische und biotische Eigenschaften eines thermisch gereinigten Bodens. Mitteilgn. Dtsch. Bodenkundl. Gesellsch. 66: 609-612

Burghardt W, Dettmar J, Jakobi F, König W und Wilkens M (1991b) Schwermetalltransfer Boden/Wildpflanzen auf Standorten der Eisen- und Stahlindustrie. Mitteilgn. Dtsch. Bodenkundl. Gesellsch. 66, 605-608

Cordsen E (1993) Böden technogener und nichttechnogener, umgelagerter Substrate Kiels. Mitteilgn. Dtsch. Bodenkundl. Gesellsch. 70 (Exkursionsführer): 257-274

Craul PJ (1992) Urban soil in landscape design. J Wiley, New York

Dege W, Dege W (1983) Das Ruhrgebiet, GEOCOLLEG, 3. Aufl., Tietze, Helmstedt

Dettmar J (1992) Vegetation auf Industrieflächen. LÖLF-Mitteilungen 2/92: 20-26

Drissen P (1991) Mineralbestand und Mineralneubildungen von Hochofenstückschlacke. In: Forschungsgemeinschaft Eisenhüttenschlacken Duisburg-Rheinhausen (Hrsg.) Eisenhüttenschlacken - Eigenschaften und Verwertung. Schriftenreihe der Forschungsgemeinschaft Eisenhüttenschlacken. S 152-158

DVWK - Deutscher Verband für Wasserwirtschaft und Kulturbau (1988) Filtereigenschaften des Bodens gegenüber Schadstoffen. DVWK-Merkblätter Nr. 212. Parey, Hamburg

Ebert W (1992) Landschaftspark Duisburg-Nord Hüttenbetrieb Meiderich ein industriegeschichtlicher Führer. In: Planungsgemeinschaft Landschaftspark Duisburg-Nord; Landesentwicklungsgesellschaft NRW GmbH Duisburg (Hrsg.) 3. überarbeitete Aufl., 42 S

Eikmann T, Kloke A (1993) Nutzungs- und schutzgutbezogene Orientierungswerte für (Schad-) Stoffe in Böden. Bodenschutz Nr. 3590. Schmidt, Berlin

Elsokkary JH, Lag J (1978) Distribution of different fractions of Cd Pb Zn and Cu in industrially polluted and non-polluted soils of Oddaregien Norway. Acta Agric. Scan. 28: 262-268

Fakoussa M (1981) Kohle als Substrat für Mikroorganismen - Untersuchungen zur mikrobiellen Umsetzung nativer Steinkohle. Dissertation Universität Bonn

Felix-Henningsen P, Wilbers A, Crößmann G (1993) Polyzyklische Aromatische Kohlenwasserstoffe (PAKs) in den Böden der Rieselfelder der Stadt Münster (Westfalen). Z. Pflanzenernähr. Bodenk. 156: 115 - 121

FV Hochofenschlacke - Fachverband Hochofenschlacke (1982) Hochofenschlacke für den Straßenbau. Broschüre, Düsseldorf

GLA (1993) Geowissenschaften und Umwelt. Tätigkeitsbericht 1990-1991. Geologisches Landesamt Nordrhein-Westfalen (Hrsg.), De-Greiff Straße 195 D-47803 Krefeld

GLA (1997) Bericht zur Stadtbodenkartierung Oberhausen-Brücktorviertel (unveröffentlicht). Geologisches Landesamt Nordrhein-Westfalen, De-Greiff Straße 195 D-47803 Krefeld

Grenzius R (1987) Die Böden Berlins (West) - Klassifizierung, Vergesellschaftung, Ökologische Eigenschaften. Dissertation, Technische Universität Berlin, 522 S

Hahne C, Schmidt R (1982) Die Geologie des Niederrheinisch-westfälischen Steinkohlengebietes. Verlag Glückauf GmbH, Essen

Harris J (1991) The biology of soils in urban areas. In: Bullock P and Gregory PJ (eds.) Soils in urban environment. Blackwell, Oxford

Heinsdorf D, Tölle R (1993) Eine rationelle Methode zur Abgrenzung und Kartierung von Flugascheneinträgen in Forstbeständen. Beiträge für Forstwirtschaft und Landschaftsökologie 27: 161-164

Herget J (1992) Schadstoffe in Stadtböden - Gehalte, Herkunft und Verbreitung am Beispiel des Stadtgebietes Gelsenkirchen. Diplomarbeit Ruhr-Universität Bochum

Herms U, Brümmer G (1984) Einflußgrößen der Schwermetalllöslichkeit und -bindung in Böden. Z. Pflanzenernähr. Bodenk. 147: 400-424

Hiller DA, Burghardt W (1997) Klassifizierung urban-industriell veränderter Böden als Pflanzenstandort. Mitteilgn. Dtsch. Bodenkundl. Gesellsch. 84: 147-150

Hiller DA (1991) Elektronenstrahlmikroanalysen zur Erfassung der Schwermetallbindungsformen in Böden unterschiedlicher Schwermetallbelastung. Bonner Bodenkundl. Abhandl. Bd. 4

Hiller DA (1994) Phosphatbindungsformen auf einem Bergehaldenrekultivierungsversuch. Z. Pflanzenernähr. Bodenk. 157: 117-123

Hiller DA (1996) Ökologische Standorteigenschaften urban-industriell überformter Böden des Brücktorviertels in Oberhausen (Ruhrgebiet). Z. Pflanzenernähr. Bodenk. 159: 241-249

Holland K (1996) Die Böden Stuttgarts. Schriftenreihe des Amtes für Umweltschutz der Landeshauptstadt Stuttgart, Heft 3

Hornburg V, Welp G, Brümmer GW (1995) Verhalten von Schwermetallen in Böden. 2. Extraktion mobiler Schwermetalle mittels $CaCl_2$ und NH_4NO_3. Z. Pflanzenernähr. Bodenk. 158: 137-145

Hornburg V (1991) Untersuchungen zur Mobilität und Verfügbarkeit von Cadmium Zink Mangan Blei und Kupfer in Böden. Bonner Bodenkundl. Abhandl. Bd. 2, 228 S

Hornburg V, Brümmer GW (1993) Verhalten von Schwermetallen in Böden 1. Untersuchungen zur Schwermetallmobilität. Z. Pflanzenernähr. Bodenk. 156: 467-477

Jochimsen M (1989) Begrünung von Bergehalden auf der Grundlage der natürlichen Sukzession. Mitteilgn. Dtsch. Bodenkundl. Gesellsch. 58: 226-232

Kerth M (1988) Die Pyritverwitterung im Steinkohlenbergematerial und ihre umweltgeologischen Folgen. Dissertation Universität Essen

Klinger C (1994) Mobilisationsverhalten von anorganischen Schadstoffen in der Umgebung von untertätigen Versatzbereichen am Beispiel von Reststoffen aus Müllverbrennungsanlagen im Steinkohlengebirge des Ruhrkarbons. DMT-Berichte aus Forschung und Entwicklung 23, 170 S., Bochum.

König W (1990) Untersuchung und Beurteilung von Kulturböden bei der Gefährdungsabschätzung von Altlasten. Bodenschutz Nr. 3550. Schmidt, Berlin

Konopatzky A, Kopp D, Köhler S, Kümmel G, Freyer C (1995) Dübener Heide - Bodenzustandswandel forstlich genutzter Standorte des Immissionsgebietes Dübener Heide und seine Erfassung über die forstliche Boden- und Standortkartierung. Mitteilgn. Dtsch. Bodenkundl. Gesellsch. 77: 95-124

Koppe P, Kornatzki KH (1991) Entwicklung der aquatischen Schwermetallbelastung in den letzten Jahrzehnten. Forum Stadt-Hygiene 41

Kramer M, Viereck L, Eikmann T et al. (1990) Ableitung von Richtwerten für Metalle auf Kinderspielplätzen in Nordrhein-Westfalen. Forum Städte-Hygiene 41: 297-305

Kurowski H (1993) Die Emscher - Geschichte und Geschichten einer Flußlandschaft. 1. Aufl. Klartext Essen

Kuttler W (1986) Raum-zeitliche Analyse atmosphärischer Spurenstoffeinträge in Mitteleuropa. Bochumer Geographische Arbeiten 47: 240 S

KVR (1992) Polycyclische Aromatische Kohlenwasserstoffe in Böden und Pflanzen. Bd. II - Untersuchungsergebnisse, Essen

KVR (1990) Das Ruhrgebiet 18 S. Kommunalverband Ruhrgebiet Essen (Hrsg.)

LAGA - Länderarbeitsgemeinschaft Abfall (Hrsg.) (1984) Verwertung von festen Verbrennungsrückständen aus Hausmüllverbrennungsanlagen. Müll und Abfall Nr. 7055. Schmidt, Berlin

LAGA - Länderarbeitsgemeinschaft Abfall (Hrsg.) (1991) Altablagerungen und Altlasten. Bodenschutz Nr. 8810. Schmidt, Berlin

LAGA - Länderarbeitsgemeinschaft Abfall (Hrsg.) (1992) LAGA - Informationsschrift Abfallarten. Abfallwirtschaft in Forschung und Praxis 41. Schmidt, Berlin

Laves D, Franko U, Thum J (1993) Umsatzverhalten fossiler organischer Substanzen. Arch. Acker- Pfl. Boden 37: 211-219

Machulla G, Osterloh M-J, Peter T, Tannenberg H (1995) Stadt Halle und Umgebung. Mitteilgn. Dtsch. Bodenkundl. Gesellsch. 77 (Exkursionsführer): 407-422

MAGS - Ministerium für Arbeit, Gesundheit und Soziales NW (1990): Metalle auf Kinderspielplätzen. Bodenschutz Nr. 8710. Schmidt, Berlin

MAGS (1983) Umweltprobleme durch Schwermetalle im Raum Stolberg 1983. MAGS Ministerium für Arbeit Gesundheit und Soziales NRW (Hrsg.)

Merkel E (1985 a) Anfall und Bewertung von festen Rückständen aus dem Kraftwerksbetrieb. In: LWA Beseitigung und Verwertung von festen sowie flüssigen Rückständen bei kohlebefeurten Kraftwerken und bei Abfallverbrennungsanlagen. LWA-Materialien 4: 103-124, Düsseldorf

Merkel E (1985 b) Anfall und Bewertung von festen Rückständen aus der Abfallverbrennung. In: LWA Beseitigung und Verwertung von festen sowie flüssigen Rückständen bei kohlebefeuerten Kraftwerken und bei Abfallverbrennungsanlagen. LWA-Materialien 4: 125-146, Düsseldorf

Meuser H (1996 a) Technogene Substrate als Ausgangsgestein der Böden urban-industrieller Verdichtungsräume - dargestellt am Beispiel der Stadt Essen. Schriftenreihe des Instituts für Pflanzenernährung und Bodenkunde der Uni Kiel, Nr. 35

Meuser H (1996 b): Ein Bestimmungsschlüssel für natürliche und technogene Substrate in Böden städtisch-industrieller Verdichtungsräume. Z. Pflanzenernähr. Bodenk. 159: 305-312

Meuser H, Schwermann J (1992) Bodenuntersuchungen auf Spielplätzen - ein Beitrag zur methodischen Vorgehensweise. Bodenschutz Nr. 3525. Schmidt, Berlin

Meuser H, Wüstefeld M, Bailly F (1995) Ausbildungsmechanismen von Schwermetall-Tiefenprofilen in Böden der Essener Ruhraue. Wasser und Boden 8: 60-63

Meyer DE, Wiggering H (1991) Steinkohlenbergbau — ökologische Folgen Risiken und Chancen S. 1-8. In: Wiggering H, Kerth M (Hrsg) Bergehalden des Steinkohlenbergbaues: Beanspruchung und Veränderung eines industriellen Ballungsraumes: Vieweg Braunschweig

Paas W (1978) Bodenkarte von Nordrhein-Westfalen 1:50 000, Blatt L 4506, Duisburg. Geologisches Landesamt Nordrhein-Westfalen (Hrsg.), De-Greiff Straße 195 D-47803 Krefeld

Reidel K (1989) Floristische und vegetationskundliche Untersuchungen als Grundlagen für den Arten- und Biotopschutz in der Stadt - Dargestellt am Beispiel Essen. Dissertation Universität-GH Essen, 211 S.

Runge M (1978) Untersuchungen zur Wasserdynamik skelettreicher Ruderal-Standorte. Kulturtechnik und Flurbereinigung 19: 157-168

Salt C (1988) Schwermetalle in einem Rieselfeld-Ökosystem. Schriftenreihe Landschaftsentwicklung und Umweltforschung der TU Berlin, Bd. 53

Sauerbeck D (1989) Der Transfer von Schwermetallen in die Pflanze. In: Beurteilung von Schwermetallkontaminationen im Boden. DECHEMA Schriftenreihe „Bewertung von Gefährdungspotentialen im Bodenschutz" S 281-316. Dt. Ges. f. Chem. Apparatewesen Frankfurt am Main

Scheffer F, Schachtschabel P (1989) Lehrbuch der Bodenkunde, 12. Aufl., Enke, Stuttgart

Schwarz J (1990) Schwermetallkontamination in 41 Essener Kleingartenanlagen und ihre Auswirkungen auf Flora und Mensch. Diplomarbeit im FB 9, Universität-GH Essen

Spona KD, Radtke U (1990) Blei Cadmium- und Zinkbelastung von Böden im Emissionsgebiet einer Zinkhütte in Duisburg. VDI Berichte 837: 165-183

Spona KD und Baum G (1993) Untersuchungen zur Pflanzenverfügbarkeit von Blei, Cadmium, Kupfer und Zink auf kontaminierten Böden in einem industriellen Ballungsgebiet. Düsseldorfer Geographische Schriften 31, 203-222

Spörhase R, Wulff D, Wulff I (1991) Kartenwerk Ruhrgebiet: 1840, 1830, 1970; Vierfarb., Maßstab 1 : 50000; Sonderausg. Stuttgart: Kohlhammer, 1976. - 2 Bl., 3 Kt. in Mappe (Karten zur Entwicklung der Stadt)

Spurny KR (1993) Anthropogener Asbest in Böden. Z. Pflanzenernähr. Bodenkunde 156: 177-180

Strehlau K, Luft B, Krusenbaum G, Eilebrecht B (1993) Grundwasserbericht der Stadt Essen. Vermessungs- und Katasteramt Abteilung Geologie Essen, 82 S

Ulrich B (1981) Ökologische Gruppierung von Böden nach ihrem chemischen Bodenzustand. Z. Pflanzenernähr. Bodenk. 144: 289-305

Umweltministerium Baden-Württemberg (1993/1994) Zweite und Dritte Verwaltungsvorschrift des Umweltministeriums zum Bodenschutzgesetz über die Probennahme und -aufbereitung und über die Ermittlung und Einstufung von Gehalten anorganischer Schadstoffe im Boden. Bodenschutz Nr. 8205 und 8206. Schmidt, Berlin

VDLUFA (1983) Richtwerte für die Düngung nach Bodenuntersuchungergebnissen. Landwirtschaftskammer Rheinland Weberstr. 59-61, D- 53113 Bonn

VwV-Ba.-Wü. (1993) Dritte Verwaltungsvorschrift des Umweltministeriums zum Bodenschutzgesetz Baden-Württemberg über die Ermittlung und Einstufung von Gehalten anorganischer Schadstoffe im Boden (VwV Anorganische Schadstoffe) vom 24. August 1993 - Az. 44-8810.301/46

Wedewardt M (1995) Hydrochemie und Genese der Tiefenwässer im Ruhr-Revier. Dissertation Universität Bonn, 233 S

Wiegand J, Feige S (1996) Radon-Messungen in den Zuflüssen der Erft und weiterer linksrheinischen Vorflutern zur Ermittlung der Radioaktivitätsquellen. Unveröffentlichter Abschlußbericht an das Landesumweltamt NRW 18 S

Wiggering H und Kerth M (Hrsg.) (1991) Bergehalden des Steinkohlenbergbaus, Vieweg, Braunschweig

Wünsche M, Altermann M (1990) Zur Klassifikation der Kippböden in den Braunkohlenrevieren des Mitteldeutschen Raums. Mitteilgn. Dtsch. Bodenkundl. Gesellsch. 62: 163-166

Zeien H, Brümmer GW (1989) Chemische Extraktionen zur Bestimmung von Schwermetallbindungsformen in Böden. Mitteilgn. Dtsch. Bodenkundl. Gesellsch. 59: 505-510

Zeien H, Brümmer GW (1991) Ermittlung der Mobilität und Bindungsformen von Schwermetallen in Böden mittels sequentieller Extraktionen. Mitteilgn. Dtsch. Bodenkundl. Gesellsch. 66: 439-442

Stichwortverzeichnis

T

Springer
und
Umwelt

Als internationaler wissenschaftlicher
Verlag sind wir uns unserer besonderen
Verpflichtung der Umwelt gegenüber
bewußt und beziehen umweltorientierte
Grundsätze in Unternehmens-
entscheidungen mit ein. Von unseren
Geschäftspartnern (Druckereien,
Papierfabriken, Verpackungsherstellern
usw.) verlangen wir, daß sie sowohl
beim Herstellungsprozess selbst als
auch beim Einsatz der zur Verwendung
kommenden Materialien ökologische
Gesichtspunkte berücksichtigen.
Das für dieses Buch verwendete Papier
ist aus chlorfrei bzw. chlorarm
hergestelltem Zellstoff gefertigt und im
pH-Wert neutral.

Springer